DIE RADIOAKTIVITÄT VON BODEN UND QUELLEN

VON

DR. A. GOCKEL

PROFESSOR AN DER UNIVERSITÄT ZU FREIBURG. (SCHWEIZ)

MIT 10 TEXTABBILDUNGEN

Springer Fachmedien Wiesbaden GmbH 1914

ISBN 978-3-663-19886-4 ISBN 978-3-663-20226-4 (eBook)
DOI 10.1007/978-3-663-20226-4
Softcover reprint of the hardcover 1st edition 1914

Vorwort.

Die vorliegende Schrift wendet sich in erster Linie an die Freunde der Geologie und der verwandten Wissenschaften. Die Erkenntnis der weiten Verbreitung der radioaktiven Stoffe innerhalb der Erdkruste hat eine Reihe schwerwiegender Fragen wie die der Entstehung der Erdwärme, des Alters der Erde, der Bildung der Gesteine der Lösung näher gebracht.

Während die ersten Entdeckungen auf diesem Gebiete zwei deutschen Forschern zu verdanken sind, ist die Fortführung der grundlegenden Untersuchungen nach der quantitativen Seite hin in der Hauptsache in die Hände englischer Forscher übergegangen, und schon aus diesem Grunde schien es wünschenswert und dem Zwecke dieser neuen Sammlung entsprechend, eine Übersicht der bisherigen Resultate in deutscher Sprache zu geben.

In zweiter Linie dürften die einschlägigen Untersuchungen den Arzt interessieren, für den nicht nur die Radioaktivität der Heilquellen, sondern auch die des Bodens von Wichtigkeit ist, weil von diesem eine Strahlung ausgeht, die sicher nicht ohne Einfluß auf den menschlichen Körper ist, und weil zweitens die in der Atmosphäre enthaltene Emanation und deren Zerfallsprodukte, deren Strahlung wir ständig ausgesetzt sind, und die wir einatmen, aus dem Boden stammen. Die Besprechung des Emanationsgehaltes der Atmosphäre selbst, der vielen daran sich anknüpfenden meteorologischen Fragen ging über den Rahmen dieser Schrift hinaus.

Für den Chemiker hat die Verbreitung radioaktiver Stoffe insofern Interesse, als sie ihm zeigt, in welchen Mineralien und Gesteinen diese heute so gesuchten Körper in verhältnismäßig größeren Mengen zu finden sind. Ein weites Arbeitsfeld bieten die hier behandelten Fragen auch noch dem Physiker. Die oft sehr bedeutenden Unterschiede in den Resultaten der einzelnen Forscher sind zum großen Teil auf die Verschiedenheit der angewandten Arbeitsmethoden zurückzuführen. Es wäre Sache der Physiker, die Fehlerquellen bei den einzelnen Meßverfahren klarzulegen.

Ich habe nach Möglichkeit die Darstellung der Untersuchungsmethoden von der der Resultate zu trennen gesucht, aber eben weil die Resultate selbst in einigen Fällen von der angewandten Untersuchungsmethode abhängig sind, war die strenge Durchführung dieses Grundsatzes nicht immer mehr möglich.

Eine ausführliche Anleitung zur Ausführung einschlägiger Messungen zu geben, lag nicht im Rahmen dieser Schrift. Man wird zu diesem Zweck vielfach auf die zitierten Originalarbeiten zurückgreifen müssen. Ich habe mich darauf beschränkt das Prinzip der Methoden, insoweit es allen einschlägigen Messungen gemeinsam ist, in einem besonderen Kapitel klarzulegen. Nur die vielfach auch von Nichtphysikern ausgeübten Untersuchungen von Quellwassern habe ich ausführlicher besprochen.

Ich hoffe, daß man die Mängel dieser Schrift mit der Schwierigkeit, welche die zusammenhängende Darstellung eines in der ersten Entwickelung begriffenen Gebietes macht, entschuldigen wird.

Freiburg (Schweiz), im Februar 1914.

Dr. A. Gockel.

Inhaltsverzeichnis.

I. Einleitung.

Die Tatsache, daß fast alle Bodenarten mehr oder weniger radioaktive Stoffe und infolgedessen auch die Bodenluft und die Quellen Radium- und Thoriumemanation enthalten, ist bald nach der Entdeckung des Radiums von den Herren Elster und Geitel auf merkwürdigem Umwege aufgefunden worden.

Die beiden genannten Forscher suchten nach der Ursache der Erscheinung, daß unter Glasglocken und in anderen Behältern abgeschlossene Luft ihre Leitfähigkeit im Laufe der Zeit nicht, wie zu erwarten war, verliert, sondern im Gegenteil noch vergrößert. Die Untersuchung führte sie dazu, auch die Leitfähigkeit der in natürlichen Höhlen eingeschlossenen Luft zu bestimmen, und sie fanden dieselbe weitaus größer als die der atmosphärischen Luft. Die Erscheinung, ebenso wie die früher beobachtete Zunahme der Leitfähigkeit, ließ sich am einfachsten durch die Annahme erklären, daß die Wände der Höhlen sowie die benutzten Gefäße radioaktive Stoffe enthielten. War diese Annahme richtig, so mußte Luft, die aus den Bodenkapillaren stammte, eine noch höhere Leitfähigkeit besitzen. Die beiden genannten Forscher (I, 1) führten deshalb ein ungefähr $1^1/_2$ m langes Rohr senkrecht in den Erdboden ein, befeuchteten oben die Erde und drückten sie gut an. Aus dem Rohr wurde die Luft unter eine Glocke gesaugt, unter der sich ein Elektrometer mit aufgestecktem Zerstreuungskörper befand. Die Geschwindigkeit, mit der sich das Elektrometer entlud, ließ erkennen, daß wirklich Emanation von der Art der Radiumemanation in beträchtlicher Menge in der Bodenluft enthalten war. Ebert und Evers (II, 2) vervollständigten später den Beweis dafür, daß die Leitfähigkeit der Bodenluft zum großen Teil wenigstens auf ihrem Gehalt an Radiumemanation beruht. Sie entzogen der Bodenluft alle Ionen, indem sie dieselben durch ein starkes elektrisches Feld streichen ließen. Die Leitfähigkeit stellte sich infolge des Emanationsgehaltes aber bald von selbst wieder her. Der Versuch hatte also auch gezeigt, daß die Emanation selbst ein neutrales, nicht geladenes Gas ist. Ebert (I, 3) kondensierte ferner die Emanation, indem er die Bodenluft durch ein Spiralrohr streichen ließ, welches in einem Gefäß mit flüssiger Luft stand. Er fand so die Kondensationstemperatur der Bodenluftemanation gleich der von Rutherford bestimmten Kondensationstemperatur der Radiumemanation (nach neueren Messungen bei Atmosphärendruck -155^{0}). Ebert und Evers bestätigten ferner durch eingehende Messungen das bereits von Elster und Geitel gefundene Resultat, daß die Zersetzungsgeschwindigkeit des aus der Emanation sich bildenden aktiven Niederschlages gleich der der Zerfallsprodukte der Radiumemanation sei.

Mittlerweile hatten aber Elster und Geitel schon in anderer Weise nachgewiesen, daß die Luft in Höhlen und Kellern im allgemeinen reich an Radiumemanation war. Sie spannten nämlich in diesen Räumen einen Draht aus, den sie auf ein Potential von mindestens -2000 Volt luden. Wie Rutherford bereits gezeigt hatte, sammeln sich auf solchen Drähten die Zersetzungsprodukte der Emanation, die aktiven Niederschläge an. Elster und Geitel erhielten auch wirklich auf den Drähten Niederschläge, deren Abklingungskonstante gleich der der Radiuminduktionen war.

Die ersten Versuche des direkten Nachweises von Radium in Bodenproben schlugen wegen der Unvollkommenheit der angewandten Methode und des Umstandes, daß die beiden Forscher zufällig auf gerade sehr gering aktives Material stießen, fehl; dagegen gelang es später, als aktiveres Material, vor allem Tonproben, untersucht wurden. Die von den genannten Forschern angewandte Methode ist auch heute noch für Untersuchungen rein quantitativer Art in Verwendung. Unter eine Glocke unter der ein Elektrometer mit aufgesetztem Zerstreuungskörper steht, wird eine Zinkschale gebracht, die 125 g der zu untersuchenden Substanz enthält. Die Strahlung derselben, die ein ungefähres Maß der Aktivität bildet, ionisiert die Luft unter der Glocke, und der Grad der Ionisierung wird gemessen durch die Geschwindigkeit, mit der die Blättchen des Elektroskops zusammenfallen. Besser ist es, das Elektrometer nicht selbst unter die Glocke zu bringen, sondern die Ionisierungskammer auf den Hals des Instrumentes aufzusetzen, wie dieses die Fig. 1 schematisch zeigt. Der Zerstreuungskörper *t* wird mit Hilfe des Drahtes *d*, der frei durch die Platte *T* hindurchgeht, aufgeladen. *B* ist eine Metallglocke (Blechtopf). Die zu untersuchende Substanz kann entweder auf die Platte *t* oder auf *T* aufgelegt werden. In letzterem Falle muß natürlich der die Substanz enthaltende Teller eine geeignete Öffnung zum Durchlassen des Stieles des Zerstreuungskörpers haben. Den Draht *d* führt man in diesem Falle besser von oben herab ein. Fig. 2 a. f. S. zeigt die Ionisierungskammer in Verbindung mit dem Wulfschen Quarzfadenelektrometer.

Als Vergleichsmaterial bedienten sich Elster und Geitel des Fangos von Battaglia, in der allerdings später nicht für richtig befundenen Meinung, daß den verschiedenen Proben dieses Materials stets die gleiche Aktivität zukomme.

Fig. 1.

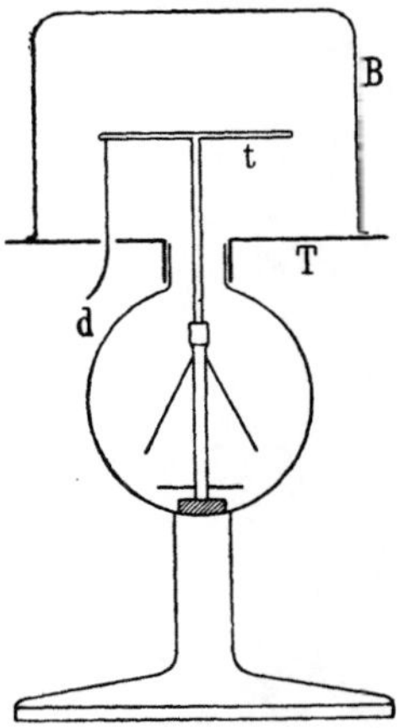

In dem Schlamme der Ursprungsquelle von Baden-Baden wurde bei diesen Untersuchungen ein Material gefunden, dessen Aktivität an die der Uranverbindungen heranreichte. Aus diesem Schlamm ließ sich sehr stark radiumhaltiger Baryt niederschlagen und auch Thorium isolieren. Diese Entdeckung Elster und Geitels gab nun auch anderen Forschern den Anstoß, sich mit der Radioaktivität der Bodenarten und der Quellen zu beschäftigen. Diese Untersuchungen haben ein erhöhtes Interesse gewonnen, als es sich zeigte, daß der Gehalt der Erdkruste an radioaktiven Stoffen genügt, um die beim Eindringen in die Tiefe beobachtete Wärmezunahme zu erklären. Auch nach vielen anderen Richtungen hin versprach die Untersuchung der Radioaktivität des Bodens, wie wir im einzelnen sehen werden, ein mächtiges Hilfsmittel für die Geologie zu werden. Es möge hier nur schon darauf hingewiesen werden, daß das Mengenverhältnis, in dem die einzelnen radioaktiven Stoffe in Mineralien und Gesteinen vorkommen, uns erlaubt, deren Alter zu bestimmen, daß ferner die den Petrographen schon lange bekannten pleochroitischen Höfe um manche Mineralien durch das Vorhandensein radioaktiver Stoffe ihre Erklärung gefunden haben. Experimentelle Untersuchungen haben ferner gezeigt, daß die α-Strahlen des Radiums imstande sind, die Zahl der Kristallisationskerne in einer Schmelze zu erhöhen, so daß auch in dieser Hinsicht die Untersuchung der Radioaktivität der Gesteine von Wichtigkeit zu werden verspricht. Des weiteren hat sich als sehr wahrscheinlich herausgestellt, daß die Heilwirkung mancher Quellen auf ihren Gehalt an Radiumemanation zurückzuführen ist, weswegen das Studium der ein-

Fig. 2.

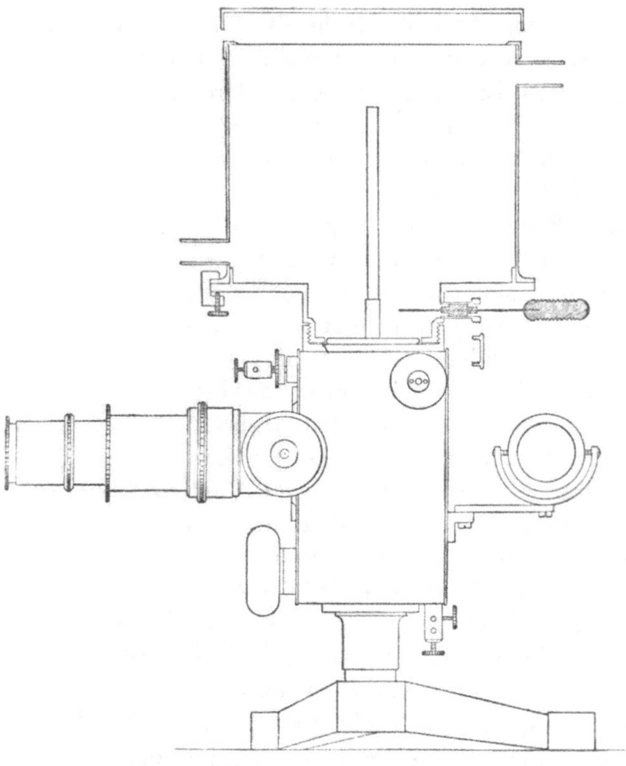

schlägigen Fragen auch für den Arzt an Interesse gewonnen hat. Und auf einen weiteren Punkt muß unsere Aufmerksamkeit noch gelenkt werden. Von den im Boden enthaltenen radioaktiven Stoffen geht eine stark durchdringende Strahlung aus, die wahrscheinlich nicht ohne Einfluß auf den menschlichen Körper ist, ebenso hat der Emanationsgehalt der Atmosphäre, welcher sicher einen für den Arzt sehr wichtigen klimatischen Faktor darstellt, seine Ursache in dem Radiumgehalt des Bodens.

II. Die Radioaktivität der die Erdkruste bildenden Gesteine.

1. Meßmethoden.

Die klassischen Arbeiten von Elster und Geitel zeigten, daß Radium und Thorium überall in der Erdkruste verbreitet sind, und daß die Aktivität mancher Erdarten, vor allem die von Quellabsätzen, bis zum Betrage von einigen Zehntausendsteln der Aktivität der Pechblende, des Ausgangsmaterials des Radiums, ansteigen kann. Das von den beiden Forschern angewandte bequeme Verfahren zur Ermittelung der Aktivität erlaubt aber keine genaue Untersuchung, und zwar aus folgenden Gründen: Erstens läßt sich nicht erkennen, ob die gemessene Strahlung von Radium oder Thorium herrührt, zweitens sind ungefähr 98 Proz. der von der Substanz ausgesandten Strahlen α-Strahlen. Diese werden aber zum großen Teil in der Substanz selbst schon absorbiert (ein Aluminiumblättchen von $^1/_{30}$ mm Dicke absorbiert α-Strahlen schon fast vollständig). In einer im Heidelberger Radiologischen Institut ausgeführten Arbeit hat Gersbach den Einfluß der Absorption dadurch eliminiert, daß er durch allmähliche Verminderung der Schichtdicke auf den Wert der Schichtdicke Null extrapolierte. In einfacherer Weise erhält man auch wenigstens unter sich vergleichbare Werte, solange die Dichten der betreffenden Pulver ungefähr die gleichen sind, wenn man nach dem Vorgang Elster und Geitels immer dieselben Gewichtsmengen Substanz auf derselben Oberfläche ausbreitet. Es hängt nämlich die Absorption der Strahlung nur von der Dichte und nicht von der Natur der absorbierenden Substanz ab. Da bei der großen Absorbierbarkeit nur die von der Oberflächenschicht ausgehenden α-Strahlen in den Luftraum austreten können, so wird die Wirkung der Strahlung mit der Größe der Oberfläche wachsen. Bedingung für die Vergleichbarkeit der Messungsresultate ist also, daß sich die zu untersuchenden Gesteine in demselben Zustand der Verteilung befinden. Am vorteilhaftesten ist es, alle zu untersuchenden Gesteinsproben möglichst fein zu pulvern. Einen Anhaltspunkt dafür, ob die vorhandene Aktivität von Radium oder Thorium herrührt, ergibt die Beobachtung des Emanationsvermögens. Radium- und Thoriumemanationen entweichen aus dem Gesteinspulver und verteilen sich im Ionisierungsraum. Beide Emanationen senden eine α-Strahlung aus und bilden dabei die auf den Wänden der Ionisierungskammer sich niederschlagenden Induktionen, die ihrerseits Strahlen aller drei Gattungen aussenden. Natürlich muß für die Beurteilung des Maßes der vom Gestein selbst ausgehenden Strahlung die von den Emanationen und ihren Zerfallsprodukten herrührende Strahlung in Abzug kommen. Man befreit das Gesteinspulver durch längeres Ausglühen von der in ihm verteilten Emanation und mißt nun sofort nach Einbringen der Gesteinsprobe in die Ionisierungskammer, bevor die neu sich bildende Emanation Zeit hatte, in nachweisbarer Menge aus dem Gestein zu entweichen. Oder aber man wartet mit der Messung bis zum Eintritt des Gleichgewichts zwischen Bildungs- und Zerfallsgeschwindigkeit; dieser Zustand ist bei ausschließlicher Anwesenheit von Radiumemanation nach ungefähr vier Stunden, bei Anwesenheit von Thoriumemanation aber erst nach drei Tagen erreicht. Die Gesteinsprobe wird, wenn keine weitere Zunahme der Ionisation mehr eintritt, entfernt, die emanationshaltige Luft ausgeblasen und nun in anfangs kürzeren, später längeren Zeitabschnitten die Ionisation in der Kammer wieder gemessen. Aus der so erhaltenen Abklingungskurve der Wirkung der aktiven Niederschläge läßt sich die im Zeitpunkt der Entfernung der Gesteinsprobe vorhandene Induktionsmenge extrapolieren, ebenso kann man aus der Form der Kurve einen Schluß auf das Verhältnis der Radium- zur Thoriumemanation ziehen. Aus der Messung der Zunahme der Strahlung während der Anwesenheit des Gesteins in der Kammer ist dieses nicht möglich, weil diese Zunahme nicht nur von der Bildungsgeschwindigkeit der Emanation und ihrer Zerfallsprodukte, sondern auch von der Geschwindigkeit, mit welcher die erstere aus dem Gestein in den Luftraum diffundiert, abhängig ist. Aus demselben Grunde kann auch die Menge der so gemessenen Emanation nicht als ein Maß der von dem Gestein innerhalb einer bestimmten Zeit entwickelten Emanation gelten, weil alle Gesteine in beträchtlicher Menge Emanation in sich einschließen, und dieses Okklusionsvermögen nicht nur von der Natur des Gesteins, sondern auch von der Art der Verteilung und dem Feuchtigkeitsgehalt der Probe abhängt. Trägt man den erwähnten Punkten Rechnung, so ist das Elster und Geitelsche Verfahren zu einer Orientierung über die Gesamtaktivität von Gesteinen immerhin recht brauchbar und ist deshalb auch von Gockel (III, 1) für diesen Zweck angewendet worden.

Infolge der Unmöglichkeit aber, auf dem beschriebenen Weg zu einer quantitativen und getrennten Bestimmung des Radium- oder Thoriumgehaltes eines Gesteins zu kommen, haben ziemlich gleichzeitig Boltwood (III, 2) und Mache, Meyer und v. Schweidler (III, 3) folgende Methode angewendet: Die zu untersuchende Gesteinsprobe wird nach den üblichen Methoden aufgeschlossen und in Lösung gebracht. Die Lösung wird durch Kochen von Emanation befreit und dann während einer gemessenen Zeit in einem verschlossenen Gefäß sich selbst überlassen. Die Lebensdauer derjenigen Substanzen, deren Menge man bestimmen will, des Radiums, des Thoriums, des Aktiniums ist so groß, daß man die vorhandenen Mengen praktisch als konstant annehmen kann und daher auch ebenso die Menge m der Emanation, die sich in der Zeiteinheit aus jeder der genannten Substanzen bildet. Die sich in jedem Augenblick wieder zersetzende Emanationsmenge ist dagegen nicht konstant, sondern der in jedem Augenblick vorhandenen Emanationsmenge proportional. Man bezeichnet als Umwandlungskonstante λ die Zahl, welche angibt, welcher Bruchteil der vorhandenen radioaktiven Substanz in der Zeiteinheit zerfällt. Aus den beiden bekannten Größen m und λ läßt sich nun die nach Ablauf der Zeit t in der Lösung vorhandene Emanationsmenge M berechnen nach der Formel $M = \frac{M}{\lambda}(1-e^{-\lambda t})$, wo e die Basis des natürlichen Logarithmensystems bezeichnet. Für eine sehr lange Zeit, praktisch mindestens drei Wochen, wird $M = \frac{m}{\lambda}\cdot$ Die in der Lösung enthaltene Emanation kann nun nach einer der im letzten Kapitel angegebenen Methoden bestimmt werden. Eine Schwierigkeit liegt darin, daß es besonders bei der Untersuchung kieselsäurehaltiger Gesteine auch bei wiederholtem Eindampfen, Trocknen und Wiederlösen nicht immer gelingt, eine klare Lösung zu erhalten. Häufig scheiden sich noch während des Stehens der Lösung Flocken von gelatinöser Kieselsäure, vielleicht auch von Tonerde aus, die, nach dem, was man über das Absorptionsvermögen von Kolloiden weiß, etwas Emanation zurückhalten könnten. Die nach den in der analytischen Praxis üblichen Methoden bei Herstellung der Lösung in Form eines trockenen Pulvers aus Aufschlüssen von radium- und thoriumhaltigen Gesteinen abgeschiedene Kieselsäure ist aber nach Angabe verschiedener Autoren, unter anderen auch Büchner, und nach den im Laboratorium des Verfassers vorgenommenen Untersuchungen vollständig inaktiv. Nach den ebenda vorgenommenen Untersuchungen Wojtaszewskis (III, 4) erklärt sich dieser scheinbare Widerspruch im Verhalten der Kieselsäure dadurch, daß diese bei der üblichen Methode der Ausfällung überhaupt nur einen geringen Teil des in der Lösung vorhandenen Radiums und Thoriums mit sich reißt, so daß bei der ohnehin schwachen Aktivität der Gesteine der in der Kieselsäure zurückbleibende aktive Bestandteil sich der Wahrnehmung entzieht.

Joly (III, 5) vermutet dagegen, daß die erwähnten flockigen Ausscheidungen doch meßbare Emanationsmengen zurückhalten, und hat deshalb ganz davon abgesehen, die Gesteine in Lösung zu bringen und folgendes Verfahren zur Anwendung gebracht: Er schmilzt die Gesteinsproben im elektrischen Ofen unter Zusatz von Kalium-Natriumcarbonat und Borsäure im Platintiegel und leitet die entweichende Emanation in ein vorher luftleer gemachtes Elektroskop. Auf diese Weise erhielt er für den Radiumgehalt einiger Granite im Durchschnitt $1{,}80 \times 10^{-12}$ g im Gramm Gestein, während er nach der früheren Methode des Aufschließens und Lösens der Gesteine nur 1,22, also 46 Proz. weniger erhalten hatte. Noch größer waren die Unterschiede für basische Gesteine. Zwei Proben desselben Andesites ergaben nach der Schmelzmethode einen Radiumgehalt von 3,8, nach der alten Methode aber nur von $1{,}11 \times 10^{-12}$ g im Gramm Gestein. Auch bei Basalten lieferte die Schmelzmethode für den Radiumgehalt doppelt so hohe Werte als die Methode der Auflösung, bei der Untersuchung von Uranmineralien aber manchmal auch weniger. Die Ursache der Differenzen ist noch nicht völlig aufgeklärt. Voraussichtlich liegt sie in dem Umstande, daß Joly die Emanation aus der Lösung durch Kochen derselben in das Meßgefäß überzuführen suchte. Aus einer Arbeit von Kofler scheint nämlich hervorzugehen, daß durch das Auskochen einer Lösung die darin enthaltene Emanation nicht vollständig entfernt wird. Die Löslichkeit der Emanation in Wasser, die bei 0° etwa 0,5 ist, scheint beim Siedepunkt nur auf 0,1 zu sinken. Es bleibt also ein beträchtlicher Teil der Emanation in der Lösung zurück. Andere Forscher, welche die Emanation nicht durch Auskochen sondern durch Durchpumpen von Luft entfernten und dabei den gelöst bleibenden Anteil in Rechnung zogen, haben auch nach der Lösungsmethode, wie wir noch sehen werden, Zahlen erhalten, die sich denen von Joly nach der Schmelzmethode erhaltenen nähern. Eine Ursache der Differenzen kann auch in der von Joly angewandten Methode der Eichung des Elektroskopes durch Lösung von Uranmineralien liegen (s. letztes Kapitel). Von vornherein hätte man eher erwarten können, daß die Schmelzmethode zu kleine Werte gibt, weil einige Prozente der vorhandenen Emanation leicht schon beim Pulvern entweichen. Auch kann man das Zurückhalten der Emanation durch gelatinöse Flocken dadurch vermeiden, daß man, wie es im Curieschen Laboratorium auch üblich ist, das Radium aus der Lösung der Gesteine zunächst mit Baryumsulfat ausfällt, dann dieses noch einmal aufschließt, und erst in der so erhaltenen Lösung die Emanation bestimmt.

Bequemer auf jeden Fall ist die Methode von Joly, sie erspart die umständlichen Operationen, die nötig sind, um ein Gestein in Lösung zu bringen und die dreiwöchige Wartezeit, welche nötig ist, um in der Lösung selbst wieder das Maximum der Emanation anzusammeln, vermeidet auch den Übelstand, daß das Gestein mit einer Reihe von Reagenzien in Berührung gebracht wird, erfordert aber eine sehr kostspielige Platinapparatur. Holthusen (II, 6) und Ebler (II, 7) vermeiden diesen letzten Übelstand, indem sie die zur Aufnahme der Gesteinsproben dienenden Nickel- oder Platinschiffchen in Quarzglas oder schwer schmelzbares Glas einschmelzen. Ebler läßt das Schmelzgut eine gemessene Zeit stehen, schmilzt dann noch einmal, führt den gesamten Röhreninhalt mit der neu gebildeten Emanation in einen Gassammler über und pumpt es von dort in ein Quecksilbergasometer. Nach Zerfall der Thoriumemanation wird das Gas in das Ionisationsgefäß eingeführt. Der Hauptvorteil des Jolyschen Verfahrens, die relative Einfachheit, geht dadurch verloren. Unbedingt notwendig ist, wie Fletcher und Joly zeigten, ein starkes Aufschäumen der Substanz während des Schmelzens, sonst wird Emanation zurückbehalten.

Aus Silikaten entfernt übrigens auch Holthusen zuerst die Kieselsäure durch Schwefelsäure und Flußsäure und fällt dann das Radium nach Zusatz von Baryum als Sulfat. Dieses letztere schmilzt er dann zusammen mit 10 Gewichtsprozent Lithiumcarbonat. Auch aus Quellsedimenten zieht Holthusen es vor, das Radium zunächst als Sulfat zu fällen, zumal diese Sedimente in der Regel ein Gemenge verschiedener Substanzen bilden, die bei noch bequem erreichbarer Temperatur keinen klaren Schmelzfluß liefern.

2. Resultate.

Eine größere Reihe Gesteine hat nach der Lösungsmethode zuerst Strutt (II, 8) untersucht. Es folgten Arbeiten von Eve (II, 9) und dann die sehr unfangreichen von Joly und seinen Schülern.

Die Resultate aller bisherigen Untersuchungen kann man dahin zusammenfassen:

1. Der Radiumgehalt von Gesteinen beträgt im Maximum einige milliontel Milligramm im Kilogramm Gestein. Der Thoriumgehalt dagegen ist im Durchschnitt 10 Millionen mal größer, auf 1 kg Gestein kommen also einige Zentigramme Thorium. Da die Aktivität des Thoriums, d. h. die Intensität seiner Strahlung, in demselben Verhältnis kleiner ist als die des Radiums, so tragen die beiden Stoffe im Durchschnitt ungefähr gleich viel zur Aktivität der Gesteine bei.
2. Eruptivgesteine sind in der Regel aktiver als Sedimentärgesteine; bei letzteren, z. B. bei Wüstensand, aber auch bei manchen Kalken, kann die Aktivität unmerkbar klein werden.
3. Eruptivgesteine sind im allgemeinen um so aktiver, je saurer sie sind. Sehr gering ist die Aktivität von Plagioklasgesteinen, Diabasen, Andesiten und Gabbros, ferner des größten Teiles der kristallinischen Schiefer.
4. Unter den Sedimentgesteinen sind in der Regel die aktivsten die stark tonhaltigen. Neben den schon erwähnten reinen Quarzsanden und den Kalken sind auch Steinsalz, Gips und Anhydrit fast inaktiv.

5. Die Aktivität aller Gesteine beruht auf ihren akzessorischen Beimengungen von gewissen radium- oder thoriumhaltigen Mineralien oder den Trümmern derselben. Die gesteinsbildenden Mineralien im engeren Sinne wie Quarz, Feldspate (Orthit ausgenommen), Glimmer usw. sind fast vollständig inaktiv. Biotit kann allerdings radioaktiv sein infolge der vielen Einschlüsse, die er enthält.
6. Die Aktivität von Gesteinen derselben Art, ja sogar von Gesteinsproben von demselben Fundort, schwankt in ziemlich weiten Grenzen.

Zu den Eruptivgesteinen, deren Aktivität sogar unter die der Kalksteine sinkt, gehören nach Büchner (II, 10) auch einige Trachyte.

Ich gebe nachstehend eine Tabelle aus der letzten Arbeit von Joly (II, 11). Die Analysen sind in der Weise gemacht, daß jeweils die Pulver von der angegebenen großen Anzahl Gesteine derselben Art gemischt und zusammengeschmolzen wurden. Die Zahlen geben also nur Durchschnittswerte und bedeuten 10^{-12} g Radium im Gramm Gestein, oder die Anzahl der tausendstel Milligramm Radium in 1000 kg Gestein.

Saure Gesteine.		
63 Granite	2,7	Mittel für 86 Gesteine 3,01
23 Erguß- und vulkanische Gesteine	3,9	
Mäßig saure Gesteine.		
12 Syenite	2,4	
8 Diorite	1,6	
18 Trachyte	3,0	
12 Porphyre	2,8	
Basische Gesteine.		
5 Gabbros und Norite	1,3	
8 Diabase und Dolerite	1,0	
14 Basalte und Melaphyre	2,0	
11 Basalte, Hebriden	0,5	
18 Basalte	1,4	
Weitere Gesteine.		
7 Vesuvlaven	12,6	
14 verschiedene Gneise	2,1	

Auffallend erscheint hier die starke Aktivität der letztgenannten Gesteine, auf welche noch zurückgekommen werden soll. Daß man aber auch nach der Lösungsmethode keine wesentlich anderen Resultate für den Radiumgehalt der Gesteine bekommt, zeigt die folgende von Joly herrührende Zusammenstellung. Die in Klammern gesetzten Zahlen geben die Zahl der untersuchten Proben an.

	Granite	Saure Intrusio und vulkanische Gesteine	Syenite	Dioxite	Trachyte und Andesite	Gabbros und Norite	Dolerite und Diabase	Basalte
Strutt . . .	2,74 (10)	1,03 (1)	2,67 (3)	0,99 (1)		0,63 (1)	0,59 (2)	0,44 (8)
Farr u. Florance[13]). .	1,75 (2)	1,90 (1)			1,68 (4)	0,33 (2)	0,59 (3)	0,81 (1)
Schlundt u. Moore[14]) .		1,35 (7)						
Büchner . .	3,70 (5)	0,80 (3)		0,80 (3)	1,85 (12)	0,70 (1)	0,87 (2)	0,50 (1)
Fletcher . .	0,85 (4)				0,85 (20)			0,71 (5)
Mittel	2,51 (21)	1,58 (12)	2,67 (3)	0,85 (4)	1,21 (36)	0,50 (4)	0,67 (7)	0,56 (15)

Speziell die Werte für basische Gesteine erscheinen allerdings um fast 100 Proz. niedriger als die von Joly nach der Schmelzmethode erhaltenen. Es ist aber zu berücksichtigen, daß derselbe Forscher auch nach der Lösungsmethode selbst Zahlen erhielt, die den nach der Schmelzmethode gefundenen bedeutend näher stehen; auch ist zu beachten, daß die chemische und mineralogische Zusammensetzung insbesondere bezüglich der sogenannten akzessorischen Mineralien, welche alle Radium enthalten, bei Gesteinen ein und derselben Art in sehr weiten Grenzen schwankt.

Einzelheiten ergeben sich aus den nachfolgenden Tabellen, die aus den von den betreffenden Autoren selbst gegebenen ausgezogen sind.

Granite.

Granit,	Siboembom, Westküste Sumatra .	$2,5 \times 10^{-12}$	Büchner
„	Soenjei Lumani, „ „ . .	3,1	„
„	Tömangooi, Borneo	10,0	„
„	Hauzenberg, Bayerischer Wald . .	14,8	„
„	Luchon, Haute Garonne	1,9	„
Granitit,	Soenjei Menjoekoei, Borneo . . .	1,3	„

Granite.

Granitit, Pasifless, Sumatra	1,5 × 10^{-12}	Büchner
„ Brocken.	4,4	„
„ Weinheim Odenwald	3,9	„
Granit, Eisenbach, Schwarzwald	3,5	G. Meyer
„ Rhodesia	9,6	Strutt
„ Lamorna Quarry, Cornwall	9,4	„
„ Westmoreland	6,6	„
„ Isle of Rum	0,7	„
„ Bounty-Insel, Südsee	2,50	Farr u. Florance
„ Musgrave Penin, Aucklandinseln . .	1,01	„ „ „
Leinster-Granit, Ostküste Islands . .	0,41—3,62	Fletcher
Erratische Blöcke, Süd-Victorialand .	0,20—0,70	„

Porphyre.

Quarzporphyr, Malakoctaufluß, Sumatra . .	1,3 × 10^{-12}	Büchner
„ Bernkastel	7,3	„
„ Münster am Stein	14,6	„
„ Groß-Umstadt, Odenwald. .	26,1	„
Tinguaitporphyr, Katzenbuckel, „ .	7,1	„
Syenitporphyr, Gulumont, Vogesen	13,2	Gockel
Basisches Porphyrit, Adaminsel, Auckland-inseln	0,99	Farr u. Florance
Porphyr, Campbellinseln	2,8	„ „ „
Liparit, Eisenbach	5,1	Büchner
Pechstein, Meißen	3,0	„
„ Insel Amboina	0,5	„
„ Isle of Eigg	2,1	Strutt
„ Musgrave Penin, Aucklandinseln.	1,9	Farr u. Florance

Syenite.

Syenit, St. Moritz, Vogesen	4,3 × 10^{-12}	Büchner
„ Plauen, Sachsen	3,7	„
Eläolithsyenit, Dotro	5,3	„
Zirkonsyenit, Brevig, Norwegen	9,3	Strutt
Eläolithsyenit, Laurdal, „	4,9	„
Augitsyenit, Laurvig, „	1,9	„

Trachyte.

Trachyt, Drachenfels, Siebengebirge . . .	3,1 × 10^{-12}	Büchner
„ Algersdorf, Böhmen	3,6	„
Trachyte aus dem Andentunnel . . .	0,32—0,77	Fletcher
Tuffe „ „ „ . . .	0,40—1,33	„
Trachyt, Musgrave Penin, Aucklandinseln .	2,10	Farr u. Florance
„ Filial Point, Campbellinseln . . .	2,64	„ „ „
„ Mount Lyell „ . . .	1,58	„ „ „

Plagioklasgesteine.

Andesite, Borneo	$< 0{,}3$—$1{,}6 \times 10^{-12}$	Büchner
„ Sumatra	0,6—5,1	„
„ Wolkenburg, Siebengebirge . .	0,6	„
„ Honnef a. Rh.	1,7	„
Diorit, Lindenfels, Odenwald	4,6	„
„ Ehrenberg, Thüringen	2,6	„
„ Mt. Sorrel, Leicestershire	0,6	Strutt
Phonolith, Kirchberg, Kaiserstuhl	0,9	Büchner
„ Kaiserstuhl	5,0—16,2	G. Meyer
Tephrit, „	6,1—10,1	„
Gabbro, Radautal, Harz	3,3	Büchner
„ Oberkainsbach, Odenwald	2,3	„
„ Campbellinseln	0,34	Farr u. Florance
Diabas, Steige, Vogesen	5,9	Büchner
„ Köditz, Fichtelgebirge	1,0	„
„ Siboemkang, Sumatra	0,9	„
Diabas, Musgrave Penin, Aucklandinseln .	0,43	Farr u. Florance
Melaphyr, Oberstein, Nahe	1,9	„ „ „
Andesit, Andentunnel	0,52	Fletcher
Andesit-Tuff, „	0,92	„

Basalte.

Joly hatte nach der Lösungsmethode für Basalte einen achtmal höheren Radiumgehalt gefunden als Strutt. Der letztere (II, 26) hat deshalb die Messungen nochmals aufgenommen und durch geeignete Behandlung mit Salzsäure dafür gesorgt, daß in der zu untersuchenden Lösung sich keine Niederschläge bilden konnten. Die Resultate, die in nachstehender Tabelle mit Strutt II bezeichnet werden, weichen von den früheren nicht wesentlich ab.

Olivinbasalt, Talisker Bucht, Skye	1,32	Strutt I
Basalt, Victoriafälle	1,26	„
Olivinfels, Isle of Rum	0,68	„
Basalt, Ovifak, Grönland	0,61	„
„ Irland	0,61	Strutt I
Grobkörniger Basalt, Hightown bei Belfast	0,16	Strutt II
Feinkörniger „ Ölberg, Siebengebirge	0,33	„
„ „ Tobermory Mull	0,35	„
Olivinbasalt, Talisker Bucht, Skye	0,57	„
Basalt, Asar-Vulkan, Sumatra	0,5	Büchner
Melilitbasalt, Mount Lyell, Campbellinseln	1,61	Farr u. Florance
Basalt, Aucklandinseln	0,81	„ „ „
„ Mt. Erebus, Mc Murds Sound	2,13	Fletcher

Dolerit.

Dolerit, Isle of Canna	1,24	Strutt I
„ Mount Honney, Campbellinseln	0,79	Farr u. Florance
„ Adamsinsel, Auckland	0,52	

Trennt man die Gesteine nur nach dem Kieselsäuregehalt, so findet man, daß annähernd Proportionalität zwischen diesem und dem Radiumgehalt und ebenso, wie wir noch sehen werden, dem Thoriumgehalt vorhanden ist. Bei der Differenzierung des Magmas hat sich als dieses letztere Element und die Muttersubstanz des Radiums, das Uran der Kieselsäure in einem bestimmten Verhältnis angeschlossen.

Die ersten Messungen zur Bestimmung des Thoriumgehaltes des Bodens sind von Blanc (II, 15) in Rom nach einer indirekten Methode ausgeführt worden. Er vergleicht (s. Abschnitt 5) die Mengen der Thoriuminduktionen, die sich aus der Emanation der Bodenluft bildeten, mit denjenigen, welche derselbe Boden abgab, wenn ihm eine abgewogene Menge Thoriumhydroxyd beigemengt wurde: Unter der Annahme, daß das Emanationsvermögen der im Boden enthaltenen Thoriumverbindung gleich der des Thoriumhydroxyds sei, ergab sich für die Erde des Gartens des physikalischen Institutes ein Gehalt von 15 mg Thorium im Kilogramm Gestein.

Später hat Blanc ein direktes Verfahren eingeschlagen; er fällte aus den in Lösung gebrachten Gesteinen das Thorium nebst den anderen vorhandenen seltenen Erden mit Ammoniak aus, überzeugte sich, daß dieses Gemisch von Hydroxyden kein Radium enthielt, und maß die Aktivität des Gemisches mit Hilfe der α-Strahlung. Er setzte dann in einem Fall, z. B. zu 60 g des Hydroxydgemisches, 0,01 g Thoriumhydroxyd hinzu. Aus der hierdurch erhaltenen Vermehrung der Ionisation — ihre Intensität stieg in dem erwähnten Fall auf das 2,5 fache — ließ sich leicht der Thoriumgehalt des Hydroxydgemisches und damit auch derjenige des Gesteines bestimmen.

Der Methode haften die oben erwähnten Nachteile an, welche von der Absorption der α-Strahlung in der strahlenden Substanz selbst herrühren, außerdem erfordert sie die Aufschließung einer größeren Menge Gesteine. Die erwähnten 60 g Hydroxyd stammen von 80 g Syenit.

Bequemer und genauer ist daher die von Joly angewandte Methode. Er bringt einige Gramm des Gesteines in der üblichen

Weise in Lösung, kocht dieselbe, um alle Radiumemanation zu verjagen, und läßt dann einen Luftstrom durch die Lösung und die Ionisierungskammer des Elektrometers hindurchgehen. Zum Vergleich wird derselbe Luftstrom mit derselben Geschwindigkeit durch eine Thoriumlösung von bekanntem Gehalt hindurchgeleitet. Das Verhältnis der Entladungsgeschwindigkeiten des Elektrometers in den beiden Fällen liefert ohne Kenntnis der Kapazität des Instrumentes sofort den Thoriumgehalt der zu untersuchenden Lösung. Die Messung muß möglichst rasch nach dem Auskochen der Gesteinslösung vorgenommen werden, um zu verhüten, daß sich in derselben wieder Radiumemanation ansammelt.

Die von Blanc erhaltenen Zahlen sind, wie man aus der nachfolgenden Zusammenstellung sieht, durchweg größer als die von Joly. Ob dieses eine Folge der Methode ist, oder ob die von ihm untersuchten Gesteine wirklich einen höheren Gehalt an Thorium aufweisen, als die von Joly untersuchten, läßt sich nicht angeben.

Blanc (II, 18).

(Die Zahlen geben Zentigramm Thorium im Kilogramm Gesteine oder 10^{-5} g im Gramm an.)

Syenit von La Balma, Biella	8,28
Syenit von Bagni, Biella	6,30
Granit, Baveno	3,14
Granit, Vogesen, französische Seite	2,07
Gartenerde, Rom	1,45

Joly.

Granit aus Gotthardtunnel	1,85
Grobkörnige Gneisgranite, Gotthardtunnel	0,9—3,3
Granit, Co Wicklow	1,1
Diabas, Fijeshire	$<$ 0,2
Basalt, Giants Causeway	0,9

Kristallinische Schiefer und Laven s. diese.

Fletcher.

	Thorium	Radium
Leinstergranit, Ostküste Irlands	$0{,}31—1{,}50 \times 10^{-5}$	$0{,}41—3{,}62 \times 10^{-12}$

Das Verhältnis des Radium- zum Thoriumgehalt schwankt zwischen 0,6 und $4{,}3 \times 10^{-7}$.

Erratische Granitblöcke, Süd-Victorialand:

	Thorium	Radium	Radium : Thorium
Ross-Sund	$0{,}37 \times 10^{-5}$	$0{,}70 \times 10^{-12}$	$1{,}9 \times 10^{-7}$
Lower ground	$0{,}14 \times 10^{5-}$	$0{,}20 \times 10^{-12}$	$1{,}4 \times 10^{-7}$

Gesteine aus dem großen südamerikanischen Andentunnel etwa 300 m unter der Oberfläche zwischen 2,4 und 4,7 km vom argentinischen Ende aus entnommen.

	Thorium	Radium
Trachyte	0,27—0,51 $\times 10^{-5}$	0,32—0,77 $\times 10^{-12}$
Sanidin-Oligoklas-Trachyt	0,30—0,71	1,07
Oligoklas-Trachyt	0,58	0,35
Tuffe	0 —1,11	0,40—1,26
Andesit	0,41	0,52

Es ist bemerkenswert, daß auch bei den einzelnen Gesteinen mit dem Thorium- auch der Radiumgehalt zunimmt. Das Verhältnis des Thorium- zu dem Radiumgehalt ist im Mittel 71×10^5, während Joly für eine Reihe anderer Gesteine dieses Verhältnis zu 65×10^5 fand, also eine auffallende Konstanz.

Nach den Untersuchungen von Joly und Fletcher schwankt Thorium- und Radiumgehalt in derselben Gesteinsgruppe in ungefähr demselben Verhältnis. Unter 88 Gesteinen aus dem Gotthardtunnel (II, 16), Gneisen und Schiefern, schwankt der Radiumgehalt zwischen 0,6 und $14,3 \times 10^{-12}$ g im Gramm Gestein, der Thoriumgehalt aber zwischen 0,2 und $4,3 \times 10^{-5}$ g. Das ist also in beiden Fällen ein Verhältnis der äußersten Werte von 1 : 21 bzw. 1 : 24. Dabei sind aber die an Radium reichsten nicht auch gleichzeitig die an Thorium reichsten und umgekehrt. Das radiumreichste der untersuchten Gesteine war ein zirkonhaltiger Zipollin, das thoriumreichste ein Granitgneis. Dem Zipollin fast gleich kommt ein grobkörniger Granitgneis, die beiden Gesteine bilden gangartige Ausscheidungen in der Grundmasse der schiefrigen Gesteine.

Einige weitere Messungen des Thoriumgehaltes von Eruptivgesteinen hat Bellmer (II, 17) im Laboratorium des Verfassers nach der im Prinzip von Blanc angegebenen Methode ausgeführt. Die seltenen Erden wurden aus den Lösungen der Gesteine mit Flußsäure ausgefällt und die α-Strahlung dieser Fluoride mit der von Thoriumfluorid, das mit einer entsprechenden Menge inaktiver Gesteine gemischt wurde, verglichen. Es wurden für die Untersuchungen Gesteine gewählt, bei denen schon die Untersuchung nach der Elster und Geitelschen α-Strahlenmethode eine hohe Aktivität gezeigt hatte.

1.	Quarzporphyre, Haran Gadang, Sumatra	0,5
2.	„ Gang aus Syenit, Tapanoeli, Sumatra	3,0
3.	„ Dossenheim bei Heidelberg	6,2
4.	„ Weinheim bei Heidelberg	3,0
5.	Syenitporphyr, Vogesen	3,7
6.	Granit, Weinheim bei Heidelberg	3,7
7.	Granitbrocken aus Rotliegendem, Baden-Baden	5,0
8.	Ebenso, etwas verwittert, Baden-Baden	$>$ 0,5

Der hohe Thoriumgehalt von 3 und 6 dürfte auf die Beimengung von Orthit zurückzuführen sein. Bemerkenswert ist, daß sich in 1, 2, 5 und 6 Radium nicht nachweisen ließ.

Der Verfasser hat, wie schon erwähnt, eine große Reihe Gesteine nach der Elster und Geitelschen Methode untersucht unter Berücksichtigung der oben angeführten Fehlerquellen. Es zeigten sich dabei viel größere Schwankungen der Aktivität bei derselben Gesteinsart, als man nach den Untersuchungen von Strutt und Joly erwarten sollte.

Es schwankt der Radiumgehalt von Strutt untersuchter Granite zwischen $4{,}78 \times 10^{-12}$ g (Granit aus Rhodesia) und 0,36 (Isle of Rum), also im Verhältnis von 1:13, der aller sauren von Joly untersuchten Eruptivgesteine im Verhältnis von 1:20, derjenige der von Gockel untersuchten Erguß- und Spaltungsgesteine dagegen in willkürlichen Einheiten ausgedrückt zwischen 2,8 (Aplit von der Aiguille du midi, Montblancgruppe) und 0,017 (Gasterntal, Kanton Bern), also im Verhältnis von 1:165, und selbst wenn man das erwähnte aktivste Gestein als Ausnahme ausschaltet, bleiben noch Schwankungen im Verhältnis von 1:26 übrig. Ähnliche hohe Unterschiede fand ebenfalls nach der α-Strahlenmethode Bamberger bei Graniten aus dem oberösterreichischen Mühlviertel. Die stärkste Aktivität besitzen die grobkörnigen Granite, die schwächsten die feinkörnigen Granite und grobkörnigen Pegmatite; Granitgrus stand in der Mitte.

Die Aktivität der Granite, Porphyre, Syenite, Aplite und Pegmatite beruht, wie schon Strutt erkannte, hauptsächlich auf ihrem Gehalt an Orthit, Titanit, Perowskit, Apatit und Zirkon. Glimmerreiche Gesteine können aktiver sein als glimmerarme wegen des Gehaltes mancher Glimmerblättchen, besonders des Biotits, an mikroskopischen Zirkonkriställchen. In den genannten Titanmineralien kommen nach Waters (III, 28) auch noch Anatas und Rutil, ferner ein wahrscheinlich Thorerde enthaltendes Cermineral, der Allanit, vor. Bamberger trennte das Gesteinspulver durch Ausschütteln mit Bromoform und fand den sich zu Boden setzenden Anteil stärker aktiv, als den schwebend bleibenden.

Es ist bekannt, daß in Graniten sich häufig Uranglimmer findet, diesem mag vielfach die starke Aktivität dieser Gesteine zu verdanken sein. Der petrographische Nachweis des Uranglimmers gelingt nicht immer, und chemisch sind geringe Mengen von Uran auch nicht nachzuweisen. Eine Emanation gibt Uran nicht ab, und ob die Proportionalität zwischen Uran- und Radiumgehalt, die in den einzelnen Mineralien sich findet, auch bei einer solch feinen Verteilung von Mineralien, welche die Auslaugung erleichtert, noch vorhanden ist, erscheint fraglich. Es wäre also möglich, daß die stärkeren Schwankungen der Aktivität, wie sie die α-Strahlenmethode ergibt, auf Urangehalt zurückzuführen sind.

Auch bei den von Gockel untersuchten Trachyten schwankt die Aktivität zwischen 0,008 und 0,066 derselben willkürlichen Einheit wie oben, wobei das aktivste Gestein ein Sanidinit von Viterbo bei Rom ist. Erfahrungsgemäß sind die Sanidinite reich an verschiedenartigen Mineralien, die sich in Drusenräumen ausscheiden.

Von einer Anzahl der untersuchten Gesteine und zwar der aktivsten, ist auch der Radiumgehalt mit Hilfe der in der Lösung sich ansammelnden Emanation bestimmt worden.

Die Resultate sind in der nachfolgenden Tabelle[1]) zusammengestellt.

	Radium $g \times 10^{-12}$
Granit, Haran Gadang, Sumatra	5,7
Epidotgranit, Aach, Böhmen	4,5
Syenitporphyr, Gerlumont, Vogesen	13,2
Aplit, Aiguille du midi	7,1

Während die Strahlung des Aplites von der Aiguille du midi 28 mal stärker ist als die des Granites von Sumatra, verhalten sich die Radiumemanationsmengen nur wie 5 : 4. Die Erklärung liegt in dem Umstand, daß manche stark aktive Mineralien, wie Orthit, Zirkon u. a. beträchtliche Mengen Thorium enthalten, aber fast radiumfrei sind.

[1]) Die in einer früheren Arbeit schon angeführten Zahlen, für deren Berechnung ein von Curie-Duane angegebener, mittlerweile als unrichtig erkannter Wert für den von 1 Curie-Emanation erzeugten Strom benutzt wurde, sind hier korrigiert.

Die jüngeren Eruptivgesteine, wie Phonolithe, Andesite, wurden, entsprechend ihrem geringen Gehalt an Kieselsäure, auch nach der α-Strahlenmethode nur schwach aktiv gefunden. Beträchtliche Mengen von Radium, 5,9 bis $16{,}2 \times 10^{-12}$ g, fand G. Meyer (II, 19) in Phonolithen des Kaiserstuhles im Breisgau. In den plagioklasreichen Tephriten desselben Gebirges wurden zwar geringere, aber immer noch beträchtliche Mengen, 2,3 bis $10{,}1 \times 10^{-2}$ g, gefunden. Gockel dagegen konnte in einigen Plagioklasgesteinen, wie Quarzdiorit von Gorontalo, Celebes, Saussuritgabbro von Saas im Wallis, Olivingabbros von Frankenstein im Odenwald, Hypersthenit von Liech in Tirol, Norit aus dem Radautal im Harz u. a. überhaupt keine Aktivität nachweisen, während andererseits ein natronreicher Nephelindolerit vom Löbauer Berg, Sachsen, infolge seiner zahlreichen Einschlüsse von Titaneisen an Aktivität den Syeniten nahe kam.

Die Aktivität der Gneise ist von Gockel durchweg gering gefunden worden, bei einigen, z. B. einem Gneis von Simla in Indien, ferner Cordieritgneis aus der Tiefe von 85 m von Silberberg bei Bodenmais, konnte eine α-Strahlung überhaupt nicht nachgewiesen werden, während dasselbe Gestein in höheren Lagen etwas höhere Aktivitäten, 0,01 der angewandten Einheiten, aufwies. Ebenso geringe Strahlungswerte ergaben die Hornblendeschiefer aus der südlichen Hälfte des Gotthardtunnels, während dieselben nach Joly immerhin meßbare Radiummengen enthalten. Die betreffenden Gesteine verdienen deshalb besonderes Interesse, weil sie von L. Hezner eingehend chemisch und petrographisch untersucht wurden [1]). Sie sind nach der genannten Autorin sedimentären Ursprunges; die für die Kontaktmetamorphose typischen Mineralien fehlen.

Die erwähnten von mir untersuchten Gneise gehören wohl auch zu den Paragneisen sedimentären Ursprunges. Ein Gneis vom Groß-Venediger, wahrscheinlich Orthogneis, ergab dagegen eine Aktivität von 0,23. G. Meyer bestimmte den Radiumgehalt eines Gneises aus der Umgebung von Freiburg i. Br. zu 10×10^{-12} g, also einem Wert, der viel höher liegt als der Durchschnittsgehalt der von Joly untersuchten Granite, und Büchner erhielt für einen Biotitgneis von Sulzbach im Schwarzwald gar einen Radium-

---

[1]) Neues Jahrb. f. Mineral. (Beilageband) **27**, 181.

Gesteine aus dem Gotthardtunnel.

Auszug aus der Tabelle. Joly, Phil. Mag. **23**, 207, 1912.

Kilometer vom Nordeingang		Radium $g \times 10^{12}$	Thorium $g \times 10^{5}$
—	Granitgneis	5,2	1,8
0,304	Gneisiger Glimmerschiefer	4,8	1,7
0,408	Granitgneis	3,4	2,2
0,700	„	9,0	4,3
0,957	„	4,5	1,3
1,280	„	8,3	1,5
1,348	Aplit mit Feldspat	2,9	1,3
1,520	Grobkörniger Granitgneis	7,9	2,0
1,600	„ „	9,9	0,9
2,117	Gneis der Ursernmulde	3,2	1,4
2,279	Quarzschiefer	5,4	1,1
2,605	Grauer Zipollin	2,4	0,4
2,628	„ „	0,7	0,9
2,661	Zirkonhaltiger Quarz-Zipollin	14,3	0,4
2,930	Ursernergneis	2,1	1,3
3,444	Serizitschiefer	4,2	1,7
4,290	Glimmerschiefer	1,7	0,5
4,526	„	3,2	0,9
4,833	Hornblendefels	3,0	0,2
5,250	Serpentinschiefer	3,1	2,1
5,310	Talkschiefer	0,7	0,6
5,734	Quarziger Glimmerschiefer	2,6	1,5
6,075	„ „	2,6	0,5
6,427	Hornblendegneis	8,4	0,8
6,662	Gneis	3,6	2,7
7,267	Feinkörniger Gneis	4,6	0,7
7,695	Feiner Glimmergneis	3,2	1,3
Kilometer vom Südeingang			
5,994	Glimmergneis	1,8	2,3
5,002	Hornblende-Glimmergneis	4,8	1,7
4,502	Sellagneis	2,6	1,3
4,078	„	2,7	0,7
3,354	Quarzgneis, zirkonhaltig?	8,9	$<0,3$
3,049	Hornblendeschiefer	2,7	$<0,3$
2,683	Hornblende-Glimmerschiefer	1,9	0,6
2,547	Feinkörniger Biotitgneis	2,2	0,6
2,008	Hornblende-Granit-Glimmerschiefer	4,3	1,0
1,756	Gneis mit Graniten und Pyriten	1,9	0,4
1,528	Quarzschiefer	6,5	$<0,3$
1,014	Hornblende-Glimmerschiefer	2,1	0,5
0,632	Quarz-Glimmerschiefer	2,7	0,5
0,305	Silbergneis	5,1	0,9
0,080	Dolomit	4,1	0,4
0,061	Dolomitischer Tuff	1,2	0,2

gehalt von 41,1, für zwei andere Biotitgneise aus Freiberg in Sachsen und Wendeburg im Spessart dagegen nur 0,9 bzw. 1,5. Ein Muskowitgneis, ebenfalls aus Freiberg, ergab 1,9.

In metamorphosierten Schiefern fanden dagegen Büchner und Fletcher ebenso wie Joly und Gockel nur einen geringen Radiumgehalt. Ich gebe hier einige ihrer Zahlen.

Büchner.

Glimmerschiefer, Zöptau, Mähren	$0{,}7 \times 10^{-12}$ g
Liebenstein, Sachsen	1,8

Fletcher.

Urgneis, Anhydrit enthaltend, Simplontunnel	2,0
Glanzschiefer, Simplontunnel	0,5
Glimmerschiefer, kalkhaltig, Simplontunnel	0,8
Laurentinischer Glimmerschiefer, Canada	0,3
Glimmerschiefer verschiedener Herkunft	0,9—1,7

Fletcher hat auch untersucht, ob in einem mit Granit in Kontakt stehenden Glimmerschiefer eine Anreicherung an Radium gegen den Granit zu stattfindet, konnte aber eine solche nicht nachweisen, obwohl petrographisch der Übergang von normalem Quarzit in der Nachbarschaft des Granits bis zu quarzhaltigem Glimmerschiefer in der Kontaktzone gut zu verfolgen war. Auch ein kristallinischer Kalk, der in einer Mächtigkeit von einigen Zentimetern zwischen zwei Basaltstöcken eingeschlossen war, besaß keinen wesentlich höheren Radiumgehalt als der nicht umgewandelte Kalk, nämlich 0,4 gegen 0,3 des nicht umgewandelten, während der Basalt selbst $0{,}7 \times 10^{-12}$ g enthielt. Auch mit Granit in Kontakt stehender Kalk ließ keine Zunahme des Radiumgehaltes erkennen. Silurschiefer im Kontakt mit Gneisen weist dagegen einen Radiumgehalt von $3{,}3 \times 10^{-12}$ g auf, während der normale Gehalt zu 1,1 gefunden wurde. Körnige Kalke haben auch nach den Untersuchungen von Gockel eine höhere Aktivität als Sedimentgesteine.

Sehr hohe Werte des Radiumgehaltes fand G. Meyer in den mineralreichen körnigen Kalken des Kaiserstuhles:

Kalk aus der Dysanalytbank	$25{,}5 \times 10^{-12}$ g
Kalkstein von Schelingen aus koppitführendem Steinbruch	17,2
Anderer Kalkstein von Schelingen	1,2

Der an Mineralien ebenfalls sehr reiche Dolomit aus dem Binnental im Wallis erwies sich dagegen, wie hier schon bemerkt sein möge, nach den Untersuchungen Gockels nur schwach aktiv.

Geringere Werte für den Radiumgehalt körniger Kalke fand Büchner:

Marmor, Carrara	$1{,}3 \times 10^{-12}$ g
„ Piasco, Valle del Po	1,6
„ Auerbach, Bergstraße	1,7
„ Villmar, Nassau	0,8

während nicht umgewandelte sedimentäre Kalke nach Büchner einen Radiumgehalt von 0,4 bis $4{,}3 \times 10^{-12}$ g aufwiesen.

Einen noch geringeren Radiumgehalt, nämlich $0{,}28 \times 10^{-12}$ g, fanden Farr und Florance in einem Marmor von den Campbellinseln, Südsee, der durch basische Intrusion aus einem tertiären Foraminiferenkalk entstanden war. Der Radiumgehalt des letzteren war $0{,}46 \times 10^{-12}$ g.

Vulkanische Produkte.

Das Studium der Laven bietet ein besonderes Interesse. Quantitativ sind dieselben bis jetzt fast ausschließlich von Joly (II, 21) untersucht worden. Seine Resultate enthält die folgende Tabelle.

	Radium $\times 10^{-12}$	Thorium $\times 10^{-5}$
Monte Somma, prähistorisch	2,8	2,2
Vesuv, 1631	7,8	1,7
„ 1794, Torre del Greco	9,8	0,6
„ 1832	13,0	2,3
„ 1855, Le Novelle	12,5	2,5
„ 1868	12,6	4,1
„ 1895 bis 1899, Colle Umberto	14,6	2,1
„ 1906, Torre Annunciata, Inneres des Lavastromes	16,0	2,6
„ 1906, glasige Lava, in Zisternen abgekühlt	13,8	—
„ 1906, Bombe Bosco tre case	10,7 ?	—
„ 1906, ausgeworfener alter Lavablock	9,2	—
Phlegräische Felder, Trachyt	6,8	4,2
Ischia, Olivintrachyt	6,0	2,4
Lipari, Rocchi rossi, Lava	5,2	4,5
„ Val di Lachi, Augitandesit	1,6	0,5
Stromboli, Schlacke	3,5	1,5
Vulcano, Bombe	5,0	4,6

	Radium $\times 10^{-12}$	Thorium $\times 10^{-5}$
Ätna, Lava, 1855	6,0	1,2
Pantellaria, La Mantua, Lava	3,1	2,2
Kilauea, Krater, Lava, 1875	3,9	1,4
Insel Ascension, Obsidian	1,6	2,5
Krakatau, Asche, 1883, gesammelt 31 km nordöstlich vom Vulkan	0,6	—
Krakatau, Bimsstein, 1883	4,5	5,2
Chimborazo, Bimsstein	3,2	2,4
St. Helena, Lava	2,2?	0,6
Martinique, Bombe stark verwittert	1,3	—
Island, Lava	1,5?	—
Vesuv, Leucit	1,0	0,6
„ Biotit	2,6	—

Laven aus der Antarktik (Shackleton), untersucht von Fletcher.

	Radium $\times 10^{-12}$	Thorium $\times 10^{-5}$	Radium zu Thorium $\times 10^{-7}$
Lava, Mt. Erebus, Ross-Sund	2,17	1,45	1,5
„ Cap Rayds, „	1,46	0,7	2,0
„ durch Geysirwasser zersetzt	4,02	1,84	2,2
Blasige Lava, Mc Muids-Sund	0,58	0,47	1,2
Alkalitrachyt, Mt. Erebus	2,16	1,30	1,6
Trachytischer Dolerit, Cap Rayds	1,3	0,8	1,6

Demnach scheint der Radiumgehalt der Laven im allgemeinen höher zu sein als der der älteren Eruptivgesteine, und außerdem zeigt sich bei den Vesuvlaven eine Zunahme im Lauf der Zeiten. Das gilt nicht für den Thoriumgehalt, welcher kaum höher ist als der anderer basischer Eruptivgesteine und auf jeden Fall nicht höher als der der Auswurfsprodukte anderer Vulkane. Die Erscheinung des zunehmenden Radiumgehaltes der Laven ist um so auffallender, als im Gegensatz zu dem, was bei anderen Vulkanen beobachtet wurde, die chemische Zusammensetzung der Vesuvlaven seit den ältesten Zeiten dieselbe geblieben ist. Die Jolysche Erklärung, daß sich das Radium in den tieferen, später zur Eruption kommenden Schichten konzentriert habe, scheint mir noch fraglich, weil bei anderen Gesteinen nichts Ähnliches beobachtet wurde. Zunächst wäre durch petrographische Beobachtungen festzustellen, welche Mineralien die von Joly untersuchten Laven enthalten. Nasini (II, 22), der die Aktivität vulkanischer Produkte nach der α-Strahlenmethode mit der von Uran verglich, fand die Aktivität der Laven von 1631 bis 1899 zwischen 0,04 und 0,08 Uraneinheiten schwankend, die der Laven von 1906 dagegen einige Wochen nach dem Ausbruch fast Null, auf jeden Fall kleiner als 0,0001 Uraneinheiten, während die der Asche und Steinchen (lapilli) zwischen 0,0003 und 0,0007 Einheiten schwankte. Er nimmt an, daß diese letzteren von alten, im Krater zurückgebliebenen, erstarrten Laven stammen, die ihre Aktivität bereits wieder gewonnen hatten, während die der neuen Laven dieselbe durch den Schmelzprozeß verloren hatten. Für diese Ansicht scheint zu sprechen, daß Lavablöcke vom Ausbruch des Juni 1906, die erst im August 1908 untersucht wurden, eine Aktivität aufwiesen, die zwischen 0 und 0,0003 Uraneinheiten schwankte. Die inaktiven Stücke stammten von kompakten glasigen Blöcken, die aktiveren von kristallinischen Laven, welche zum Teil Amphibole in Drusen abgeschieden hatten.

Nun ist ja richtig, daß die Aktivität eines radiumhaltigen Minerals, gemessen durch seine α-Strahlung, wenn die Emanation durch einen Schmelzprozeß ausgetrieben wurde, auf 25 Proz., und wenn größere Emanationsmengen als die mit dem Radium im Gleichgewicht stehenden sich angesammelt hatten, auf einen noch kleineren Betrag des ursprünglichen Gehaltes sinken kann, aber diese Aktivität stellt sich, wenigstens soweit sie von der mit dem Radium im Gleichgewicht stehenden Emanationsmenge herrührt, bereits innerhalb eines Monats und nicht erst nach zwei Jahren wieder her. Möglich ist dagegen, daß die Lava während der zwei Jahre noch den Gasausströmungen des Vulkans ausgesetzt blieb und sich im Laufe der Zeiten mit Zersetzungsprodukten der Emanation anreicherte. In diesem Falle müßte die Aktivität wie bei dem von Rossi untersuchten Cotunnit (s. S. 39) von den langsam zerfallenden Zersetzungsprodukten der Emanation herrühren, worüber noch Untersuchungen anzustellen wären. Bei den von Joly angewandten Methoden der Emanationsmessung mußten sich dagegen umgekehrt Produkte, die erst nachträglich herein sublimiert waren und nicht mit dem in der Lava enthaltenen Radium im Gleichgewicht standen, der Wahrnehmung ganz entziehen.

In Anbetracht aber, daß Scarpa (II, 23) für Laven und Sande der beiden Ausbrüche vom September 1904 und April 1906 Zahlen gefunden hat, die für beide Produkte zwischen 0,00005 und 0,00030 Uraneinheiten schwankten, erscheint mir für die von Nasini beobachteten Unterschiede in der Aktivität verschiedener Produkte eine von Zambonini (II, 24) gegebene Erklärung einleuchtender, wonach die Aktivität der vulkanischen Auswurfsprodukte von ihrem Gehalt an bleihaltigen Mineralien abhängt und für einen und denselben Ausbruch mit diesem wechselt. Unter diesen Mineralien wies der Cotunnit (Bleichlorid) eine Aktivität von 1,1 Uranylnitrateinheiten auf. Merkwürdigerweise ließ sich in ihm aber kein Uran nachweisen, und makroskopisch wenigstens war dieses Mineral in den Laven nicht aufzufinden. Eine chemische Bestimmung des Bleigehaltes derselben wurde auch noch nicht vorgenommen, dagegen steht fest, daß sich der Cotunnit in den Fumarolen des Kraters ansetzt, und ebenso ergab sich, daß die schweren Aschen, die auf dem Vulkankegel selbst niederfielen, aktiver als die leichtere, bis nach Neapel gewehte Asche waren.

Im Gegensatz zu den in der obigen Tabelle niedergelegten Resultaten von Joly scheinen nach Nasini die Bimssteine und Trachyte von Ischia weitaus aktiver zu sein als die Vesuvlaven des Jahres 1906. Für letztere fand Nasini, wie oben angegeben, zwei Jahre nach dem Ausbruch im Maximum eine Aktivität von 0,0003 Uraneinheiten. Für einen Trachyt von Ischia, der allerdings noch den vulkanischen Gasausströmungen ausgesetzt war, fand Nasini eine Aktivität von 0,012 Uraneinheiten, bei einem anderen, dessen Temperatur noch 40° betrug, die Hälfte, bei anderen nur 0,003 und bei einem alten, von dem Ausbruch des Jahres 1301 herrührenden Trachytblock gar nur 0,0001. Die Aktivität der Tuffe und Bimssteine schwankte zwischen 0,0011 und 0,0003 Uraneinheiten, wobei die kompakteren Tuffe höhere Werte ergaben als die leicht zerreiblichen. Ausnahmsweise hohe Werte von 0,0026 bis 0,0032 Uraneinheiten ergaben Verwitterungsprodukte von Tuffen. Die Aktivität der Aschen von Ischia fanden Elster und Geitel zu 0,0012 Uraneinheiten, also von der ungefähren Größe der der Trachyte. Für Aschen und Laven vom Vesuv fand Becker (II, 25) dagegen 0,00005 bis 0,0001. Aktiver als diese noch wenig verwitterten Auswurfsprodukte ist die Ackererde von Capri mit einer Aktivität von 0,0110 Uraneinheiten.

Aschen von Krakatau, die Gockel untersuchte, kommen im Mittel in ihrer Aktivität der der Aschen von Ischia gleich, schwanken aber unter sich im Verhältnis von 1:16. Die stärkere Aktivität des Tuffes von Ischia ergibt sich auch aus den Gockelschen Untersuchungen.

Im allgemeinen führen alle nach der α-Strahlenmethode ausgeführten Untersuchungen zu dem Resultat, daß die Aktivität der vulkanischen Produkte geringer ist als die der älteren Ergußgesteine. Bei den von Gockel untersuchten Aschen beträgt die Aktivität im Mittel $^2/_3$ der Aktivität der von demselben Autor untersuchten Granite. Joly kommt dagegen, wie man aus der obigen Tabelle ersieht, sogar bezüglich der Laven, deren Aktivität sich im allgemeinen noch geringer ergab als die der Aschen, zu einem anderen Resultat. Dieser Mangel an Übereinstimmung kann sich erstens dadurch erklären, daß die Aktivität der einzelnen Produkte, wie wir gesehen haben, in weiten Grenzen schwankt und daß deshalb die Aktivität der zur Untersuchung kommenden Proben, wenn man so sagen darf, vom Zufall abhängt. Die aktivste der von Gockel untersuchten Krakatauaschen mit einer Aktivität von 0,001 Uraneinheiten wurde ganz in der Nähe des Ortes gesammelt, an dem am gleichen Tage eine Asche mit kaum nachweisbarer Aktivität fiel. Auch hat Lacroix festgestellt, daß am Mont Pelée auf Martinique rasch hintereinander Gesteine von sehr verschiedener Zusammensetzung zur Eruption kamen. Des weiteren kann aber auch der Umstand maßgebend sein, daß das bei der Berechnung des Radium- und Thoriumgehaltes aus den Emanationsmessungen vorausgesetzte radioaktive Gleichgewicht in Wirklichkeit bei den neu aus dem Magma abgetrennten Produkten noch nicht vorhanden war. Darauf, daß im Laufe von wenigen Jahren sich in der Lava beträchtliche Emanationsmengen und deren Zerfallsprodukte ansammeln, weisen die Beobachtungen von Nasini und Rossi hin. Bei der Untersuchung nach der α-Strahlenmethode kommt die gesamte im Gestein vorhandene Emanationsmenge zur Geltung, bei dem Aufschließen der Gesteine dagegen wird die angesammelte Emanation zunächst vollständig entfernt und man mißt nur diejenige, die sich innerhalb einer gegebenen kurzen Zeit ansammelt, und berechnet aus der bekannten Entstehungsgeschwindigkeit den Radiumgehalt. Bei der Bestimmung des Thoriumgehaltes kann diese Methode zu falschen Resultaten führen; weil zwischen dem Thorium und der Thoriumemanation Mesothorium 1 mit einer Halbwertsperiode von 5,5 Jahren und Radiothor mit einer solchen von 2 Jahren liegt. Es ist daher wohl möglich, daß beim Ausstoßen der Magmen eine Trennung dieser Produkte eintrat, es kann dann ein Auswurfsprodukt des Vulkans zwar Emanation, aber kein Thorium, oder umgekehrt Thorium, aber nur äußerst geringe Mengen Emanation enthalten. Man hat ja faktisch bei den Thoriumsalzen des Handels derartige Erscheinungen beobachtet. Eingehendere Untersuchungen nach dieser Richtung wären von großem Interesse.

Sedimentärgesteine.

Ich gebe zunächst eine Übersicht über die Aktivität von Sedimentärgesteinen, die von Fletcher (II, 12) im Jolyschen Laboratorium ebenfalls nach der Schmelzmethode untersucht wurden:

24 Sandsteine	1,5
9 ebensolche verwittert	1,5
16 tonige Gesteine	1,3
9 Schiefer	1,1
24 Kalke	0,8

Die verhältnismäßig hohe Aktivität der Sandsteine erklärt sich durch den Umstand, daß die betreffenden Gesteine nicht reine Quarzsande waren, sondern verschiedene Beimengungen enthielten. Auch die anderen Werte sind fast durchweg etwas höher

Sandsteine nach Fletcher.

Formation	Bezeichnung	Fundort	Radium in 1 g Gestein $\times 10^{-12}$
Tertiär	Grünsandstein	Stettin	3,5
Kreide	Gelber Sandstein	Wald	1,4
„	Grünsandstein	Westfalen	1,7
„	Wealden-Sandstein	Bückeburg	1,7
Trias	Roter Sandstein	Odenwald	0,8
„	Gelber Buntsandstein	Vogesen	2,5
„	Roter Bundsandstein	Baden	2,1
Kohlengebirge	Grauer Sandstein	Westfalen	1,3
„	Roter Sandstein	Vogesen	0,9
Devon	Gebänderter Sandstein	New York	1,4
„	Alter roter Sandstein	Keldare, Island	0,4
„	Süßwassersandstein	Kiltorean, „	2,0
Präcambrium	Roter Sandstein	Isle of Rum	0,8

als die von anderen Forschern nach der Lösungsmethode für Sedimentärgesteine erhaltenen, die, von vereinzelten Ausnahmen abgesehen, zwischen 0,6 und 1,4 schwanken. Einzelheiten findet man in der beifolgenden Tabelle.

Tone nach Fletcher.

Formation	Bezeichnung	Fundort	Radium in 1 g Gestein $\times 10^{-12}$
Trias	Dachschiefer	Rheinprovinz	1,8
Kohle	Gebrannter Schiefer	Laacher See	0,4
Devon	Blauer Schiefer	Valentia	1,8
"	Roter Tonschiefer	Nassau	1,6
Silur	Grüner Phyllit	Sachsen	1,6
"	Tonschiefer	Schneeberg	0,9
Cambrium	Roter Schiefer	Dublin	1,0—1,5
"	Andalusitschiefer	Vogtland	1,2

Kalksteine.

Formation	Bezeichnung	Fundort	Radium in 1 g Gestein $\times 10^{-12}$	
Tertiär	Foraminiferenkalk	Campbellinseln (Südsee)	0,46	Farr und Florance
"	Litorinellakalk	Rheinprovinz	0,3	Fletcher
Kreide	Erdiger Kalk	Rügen	0,8	"
"	Schaumkalk	Braunschweig	1,1	"
Jura	Weißer Jurakalk	Württemberg	0,3	"
"	Erdiger Kalk	Meudon	3,2	"
"	Lithographischer Schiefer	Solenhofen	0	"
Perm	Plattenkalk	Hannover	0,2	"
"	Stinkkalk	Harz	1,7	"
"	Zechsteindolomit	"	1,3	"
Kohle	Dolomitenkalk	Kildare (Island)	1,2	"
Devon	Körniger Dolomit	Eifel	0,4	"
Eocän	Kalk	Paris	0,8	Büchner
Untere Kreide	"	Hannover	0,3	"
" "	Kreide	Mastrich	1,5	"
Lias	Kalk	Vaihingen	2,1	"
Kohle	"	Ratingen bei Düsseldorf	4,3	"
Silur	"	Kuchelbad	0,7	"

Berücksichtigt man nur die nach der Schmelzmethode erhaltenen Zahlen, so findet man als Mittel des Radiumgehaltes der Eruptivgesteine 2,5, desjenigen der Sedimentärgesteine, mit Ausnahme der neuen Meeressedimente, 1,5. Der Radiumgehalt dieser letzteren ist außerordentlich hoch. Das bei der Umwandlung der Eruptivgesteine in Sedimente verloren gegangene Radium muß sich natürlich an einem anderen Orte wiederfinden, und dieser Ort sind die neueren Meeresabsätze.

Zur Erklärung dieser Tatsache müssen wir uns vor Augen halten, daß Radium ein Zerfallsprodukt des Urans ist. Dieses letztere besitzt eine nach vielen Tausenden von Millionen Jahren zählende Lebensdauer, während Radium bereits in 1200 Jahren zur Hälfte zerfällt. Das in den Sedimenten jetzt noch vorhandene Radium stellt nur einen kleinen Teil desjenigen dar, das sich vielleicht ursprünglich bei der Bildung dieser Gesteine abschied. Eine Nachbildung aus der Muttersubstanz, dem Uran, war innerhalb der Gesteine nur in sehr geringem Grade möglich, weil das Uran in Lösung blieb. Das Meereswasser muß sich also allmählich an diesem angereichert haben, der Betrag ist aber auch jetzt noch viel zu gering, um chemisch nachweisbar zu sein, wohl aber können wir Radiumemanation dort nachweisen. Das aus dem gelösten Uran sich im Laufe der Jahrtausende stets neu bildende Radium wird, wie Laboratoriumsexperimente zeigen, durch Niederschläge aller Art leicht mit zu Boden gerissen, es muß sich daher allmählich auf dem Meeresboden absetzen.

Radiumgehalt von Meeressedimenten nach Joly (Schmelzmethode):

4	Proben	Globigerinaschlamm,	aus	3650 bis 4550	m	Tiefe . .	$3{,}3 \times 10^{-12}$ g
1	„	blauer Lehm,	„	2350	„	„ . .	1,5
2	„	Radiolarienschlamm,	„	4700 bis 5000	„	„ . .	13,1
1	„	roter Ton,	„	4300	„	„ . .	11,0

Es ist dabei im Auge zu behalten, daß die Proben nur von der Oberfläche von Ablagerungen genommen werden konnten. In tieferen Schichten mögen, worauf Joly hinweist, die Meeresablagerungen infolge von Änderungen, die sie nach ihrer Ablagerung erlitten haben, eine andere chemische Zusammensetzung und damit auch einen anderen Radiumgehalt haben.

Der Thoriumgehalt der Sedimentärgesteine ist von Joly nach derselben Methode bestimmt worden. Die gepulverten

Gesteine wurden zunächst mit Salzsäure ausgezogen, der unlösliche Rest in der üblichen Weise durch Schmelzen mit Alkalicarbonat aufgeschlossen und die saure Lösung der Schmelze mit der ersten vereinigt. Nun wurden diese und die alkalische Lösung der Schmelze einer gesonderten Untersuchung unterworfen.

Unter 34 verschiedenen untersuchten Kalken und Dolomiten, darunter Jurakalk von der Schwäbischen Alb, Muschelkalk aus Heidelberg, Solenhofer Schiefer, verschiedenen Marmorarten enthielten nur sechs mehr als 0,5 mg Thorium im Kilogramm Gestein. Der an Thorium reichste, mit 3 mg/kg, war ein Kalk aus dem Kohlengebirge (Co. Kildare). Der Kalkstein enthielt bis zu 40 Proz. unlösliche Materie, und zwar enthielt diese $^2/_3$ des gesamten Thoriumgehaltes, nur $^1/_3$ kam auf das Calciumcarbonat. Bei erdigen Kalken aus der oberen westfälischen Kreide (Werl) war dagegen der Thoriumgehalt 2,2 mg/kg ziemlich gleichmäßig zwischen dem kohlensauren Kalk und der unlöslichen Substanz verteilt. Neben den genannten Gesteinen weisen nur noch ein Dolomitenkalk aus dem Devon der Eifel (Gerolstein), ein Kalk aus dem rheinhessischen Pleistocän und ein Nummalitenkalk unbekannter Herkunft Beträge an Thorium auf, die zwischen 0,5 und 1,5 mg/kg Gestein schwankten.

Das geringe Vermögen des Kalkes, Radium und Thorium bei der Ausfällung mit sich zu reißen, kommt demnach ebenso wie bei den neueren Meeressedimenten auch bei den älteren Gesteinen zum Ausdruck.

Während das Mittel aus allen von Joly untersuchten Kalken unter $0,05 \times 10^{-5}$ g Thorium in 1 g Gestein bleibt, steigt das der von ihm untersuchten 13 Sandsteine auf 1,54 und das der untersuchten 18 Tone auf 1,14. Einzelheiten über diese Gesteine sind aus nachstehenden Tabellen zu ersehen. Wie früher, hat auch für die Untersuchungen dieser Gesteine Joly Proben von 15 bis 20 Handstücken gemischt.

Ein Vergleich mit den Tabellen S. 28 u. 29 zeigt, daß der Unterschied zwischen Sandstein und Tonen in bezug auf den Thoriumgehalt größer ist als auf den an Radium. Nur zwei der untersuchten Sandsteine aus den Vogesen kamen in ihrem Thoriumgehalt dem der Tone ungefähr gleich. Die oben (S. 21) angeführten metamorphosierten Schiefer aus dem Gotthardtunnel, die vielfach

Sandsteine.

Formation	Bezeichnung	Fundort	Thorium in 1 g Gestein $\times 10^{-5}$
Kreide	Grünsandstein	Werl, Westfalen	0,20
Wealden	Sandstein	Teutoburger Wald	0,30
Keuper	"	Vlotho, Westfalen	1,14
"	"	" "	1,02
Trias	Buntsandstein	Heidelberg	0,12
"	"	Remiremont, Vogesen	0,91
Kohle	Sandstein	Westhofen, Westfalen	0,74
Unteres Devon	Grauwackequarzit	Allrode, Harz	0,74
" "	Quarzit	Schlangenbad, Nassau	0,34

Tone.

Formation	Bezeichnung	Fundort	Thorium in 1 g Gestein $\times 10^{-5}$
Recent	Ziegelton	Wexford country	1,13
"	Ton	Bonn	0,91
Pleistocän	Löß	Heidelberg	1,04
Jura	Bündnerschiefer	Piz Ot, Engadin	0,91
"	Lustré Schiefer	Simplontunnel	1,04
Keuper	Roter Mergel	Co. Antrim	0,14
Unteres Devon	Dachschiefer	Kaub	1,40
Mittel-Devon	Grauwacke	Wipperfürth	2,40
Silur	Grüner Schiefer	Kingscourt, Co. Cavan	1,30
Unteres Silur	Greinit Phyllit	Lössnitz, Sachsen	1,94
Cambrium	Dachschiefer	Penzhyn, N.-Wales	0,96

als sedimentär betrachtet werden, kommen in bezug auf Thoriumgehalt ungefähr dem der Sandsteine gleich.

Zu einem Vergleich des Thoriumgehaltes der Sedimente mit dem der Eruptivgesteine liegt bezüglich der letzteren leider noch zu wenig Material vor.

Der Thoriumgehalt der neueren Meeressedimente ist dagegen ebenso wie der Radiumgehalt größer als der der älteren Sedimente. Eine Anzahl Proben aus dem Stillen Ozean, deren Tiefe nicht angegeben wird, enthalten 2 bis 9 mg Thorium in 1 kg, und zwar war die aktivste Probe ein roter Ton aus dem nördlichen Pacific. Kaum nachzuweisen war der Thoriumgehalt in manganhaltigen Klumpen aus dem Südlichen Ozean.

Aktivität und Lagerung der Gesteine.

Büchner hat den Radiumgehalt von Sandsteinen aus einem Bohrloch bei Baarlo in Holländisch-Limburg untersucht. Seine Resultate enthält die folgende Tabelle:

685 m Tiefe	$1{,}0 \times 10^{-12}$ g	1223 m Tiefe	$7{,}5 \times 10^{-12}$ g
850 „ „	0,8	1262 „ „	0,3
1023 „ „	1,4	1295 „ „	0,8
1124 „ „	1,2	1397 „ „	0,3

Auffallend ist der große Sprung bei 1223 m, aber eine Beziehung zwischen Radiumgehalt und Tiefe ist nicht vorhanden, ebensowenig konnten Eve in einem Bohrloch bei Beachville, Ontario, und Joly in Balfour eine solche finden.

Für Gesteine aus Cinderella Deep, Transvaal, fand Büchner einen Radiumgehalt von 11,5, für einen ebenfalls aus großer Tiefe stammenden Muskovitgneis von Freiberg aber nur 1,9. Auch zwischen Radiumgehalt und geologischem Alter scheint nach den in den obigen Tabellen (S. 28 u. 29) mitgeteilten Zahlen Fletchers eine Beziehung nicht zu existieren.

Auf eine andere Beziehung machen dagegen Fletcher und Büchner aufmerksam. Petrographisch und chemisch ganz ungleichartige Gesteine von demselben Fundort zeigen einen annähernd gleichen Radiumgehalt, so daß man zwischen radiumreichen und radiumarmen Gegenden unterscheiden kann. Büchner berechnet folgende Mittelwerte, bei denen aber zu bemerken ist, daß die von verschiedenen Forschern gefundenen Werte, die hier zusammengestellt sind, sich wegen der in Einzelheiten abweichenden Meßmethoden nicht streng miteinander vergleichen lassen:

Anden	$0{,}8 \times 10^{-12}$ g
Südvictorialand	1,3
Neuseeland	1,35
Großbritannien und Irland	1,5
Sumatra	1,65
Borneo	1,73
Gotthard	5,1
Deutschland	6,0
Simplon	7,6
Tauerntunnel (Mache)	4,0
Lötschbergtunnel (Hoffmann[1])	1,3

[1]) Demnächst erscheinende Dissertation.

Die auffallend hohe Aktivität der Simplongesteine scheint sich nach den Messungen Gallos und Gockels bis zum Lago maggiore zu erstrecken.

Die Zahlen sind natürlich auch noch von dem mehr oder minder zufälligen Umstand abhängig, welche Gesteine vorzüglich zur Untersuchung kamen. In Deutschland z. B. sind die Jurakalke der Schwäbischen Alb sehr schwach aktiv, etwa 0,5; die vielfach untersuchten Granite und Quarzporphyre von der Bergstraße dagegen ziemlich stark aktiv. Wenn mehr Gesteine aus dem Erzgebirge zur Mittelbildung verwendet worden wären, so hätte sich der für Deutschland angegebene Wert noch vergrößert. Anders liegt die Sache dort, wo einzelne Gebiete herausgegriffen wurden; so kann der hohe Wert der Aktivität der Gotthardgranite gegenüber anderen von Joly untersuchten Graniten nicht auf Zufall beruhen. Bemerkenswert erscheint auch, wie Büchner hervorhebt, daß nach den Messungen Jolys die antarktischen und Dekanbasalte das Mittel 2,0, die von den Hebriden dagegen 0,5 gaben.

Einfluß der Verwitterung.

Die ersten Verwitterungsprodukte von Gesteinen wurden von Elster und Geitel nach der α-Strahlenmethode untersucht. Als Vergleichsmaterial diente Urankaliumsulfat. Ich führe einige ihrer Resultate hier an, wobei ich des leichteren Vergleichs halber mit der Aktivität der oben erwähnten vulkanischen Produkte die Zahlen der beiden Forscher auf metallisches Uran als Einheit umgerechnet habe. Sie können natürlich, da mit 125 g Material, das den Hauptteil der α-Strahlung absorbierte, gearbeitet werden mußte, nur auf ungefähre Richtigkeit Anspruch machen.

Höhlenlehm, Capri	0,0110
Verwitterte vulkanische Ablagerungen, Capri	0,0057
Ackererde, Capri	0,0026
Pozzolanerde, Capri	0,0025
Lapilli und Aschen vom Ätna	0,0001
Gartenerde, Observatorium Catania	0,0003
Humus oder Lava vom Ätna	0,0004

Die Aktivität der Verwitterungsprodukte kann also Werte erreichen, die über die der ursprünglichen Produkte weit hinaus gehen; übersteigt doch die Aktivität der Laven nach den oben genannten Forschern nicht 0,003 Uraneinheiten und geht bis auf Werte herunter, die kleiner als 0,000 01 sind. Inwieweit hier der Umstand mitspielt, daß die Verwitterungsprodukte Emanation leichter abgeben als die Laven, aus denen sie entstanden, müßte erst noch aufgeklärt werden.

Auch Tone ergaben verhältnismäßig hohe Aktivitätszahlen, so:

Ton aus verwittertem Basalt, Marburg	0,0033
„ „ „ Granit, Harz	0,0013
„ „ „ Porphyr, Baden-Baden	0,0010
„ „ Buntsandstein, Marburg	0,0006

Man hat vielfach aus diesen Zahlen den Schluß gezogen, daß Verwitterungsprodukte, besonders Tone, aktiver sind als die Gesteine, aus denen sie entstanden. Das ist aber nach den Untersuchungen Gockels nicht der Fall. Er fand verschiedene Tone, die ebenfalls nach der α-Strahlenmethode untersucht wurden, fast inaktiv. Dagegen zeigte sich allerdings, daß bei der Untersuchung nach der α-Strahlenmethode kompaktes Gestein die niedersten Aktivitätswerte ergibt, im übrigen aber scheint kein Einfluß der fortschreitenden Verwitterung nachweisbar zu sein. Ein Granit von Görlitz, der in verschiedenen Verwitterungszuständen vom frischen Gestein bis zum tonigen Sand untersucht werden konnte, gab, nachdem die angesammelte Emanation durch Ausglühen entfernt war, folgende Resultate (willkürlicher Einheiten):

Stufe 1, frisch	9,0
„ 2, verwittert	22,7
„ 3, „	42,5
„ 4, stark verwittert	13,6
„ 5, „ „	18,0
„ 6, „ „	14,9
„ 7, sandig	14,6
„ 8, sandiger Ton	16,0—24,0

In nicht ausgeglühtem Zustande war die Aktivität der Stufe 6 20,1, die der Stufe 8 41.

Viereck (III, 27) hat die Aktivität einer Anzahl Gesteine und ihrer Verwitterungsprodukte nach einer anderen, im Prinzip ebenfalls von Elster und Geitel angegebenen Methode untersucht. Er brachte je 6 kg des zerkleinerten Gesteines in ein geschlossenes Gefäß und bestimmte die Menge der sich entwickelnden Radium- und Thoriumemanation aus der Menge der Zerfallsprodukte, die sich auf einem in dem Gefäß ausgespannten, negativ geladenen

Kupferdraht niederschlugen. Hier hängt das Resultat noch viel mehr als bei der α-Strahlenmethode von dem Emanierungsvermögen der betreffenden Substanz ab, das seinerseits wieder mit dem Zustande der Verkleinerung und dem Feuchtigkeitsgehalt der Gesteine schwankt. Man kann aber aus den Messungen folgende Resultate entnehmen: Ein aus Porphyr entstandener Schieferletten ist aktiver als der ursprüngliche Porphyr, beim Koalinisierungsprozeß des Porphyrs scheint dagegen der Radium- und der Thoriumgehalt zuzunehmen. Im allgemeinen werden in der Verwitterungszone die radioaktiven Produkte von eindringenden Wassern in den oberen Schichten gelöst und in den unteren wieder abgelagert; innerhalb der Verwitterungszone liegt die Grenze zwischen der Auslaugung und Anreicherungszone für Thorium tiefer als für Radium, d. h. die thoriumhaltigen Stoffe werden leichter gelöst und nach unten gefördert als die radiumhaltigen. Eine Bestätigung dieser Resultate durch streng quantitative Versuche wäre erwünscht.

Fletcher fand in zwei Bodenproben von Dublin (Collegpark und Stadtmitte) einen Radiumgehalt von 1,3 bzw. $2{,}9 \times 10^{-12}$ g. Der erstere schwächer aktive Boden liegt auf Sand und Kies, der letztere auf gelbem Ton. Die Aktivität der Gesteine der Umgebung schwankt zwischen 1,0 und 1,5.

Radioaktivität der Meteorsteine.

Anhangweise nur möge die Radioaktivität der Meteorsteine noch besprochen werden.

Den Radiumgehalt eines Eisens von Ovifak in Grönland, dessen meteorische Herkunft jetzt fast allgemein bezweifelt wird, fand Büchner zu 18,5, Strutt aber nur zu $0{,}2 \times 10^{-12}$ g, und zwar vermutet der letztere, daß das Radium in den eingesprengten Silikaten enthalten war. In drei anderen Meteoreisen von verschiedenen Fundorten konnte Strutt überhaupt kein Radium nachweisen, in einem von Augusta, Co Virginia nur $0{,}02 \times 10^{-12}$, in einem Steinmeteoriten von Dhurmsala fanden sich dagegen $1{,}12 \times 10^{-12}$ g Radium. Der Thoriumgehalt von Meteoriten ist noch nicht bestimmt worden.

III. Die radioaktiven Mineralien.

1. Allgemeines.

Die weite Verbreitung des Radiums und des Thoriums in den Gesteinen hat, wie wir im vorhergehenden Kapitel sahen, ihre Ursache darin, daß die meisten Gesteine wenn auch nur mikroskopische Einschlüsse von stark radium- oder thoriumhaltigen Mineralien enthalten. Zu den ersteren gehören alle Uranerze, zu den letzteren alle Mineralien, die seltene Erden enthalten, doch ist eine strenge Trennung der beiden Klassen nicht möglich. Die meisten Uranmineralien enthalten auch größere oder kleinere Mengen Thorium, bis zu 10 Proz., und umgekehrt die Thormineralien wie Thorit und Thorianit bis zu 10 Proz. Uran. Der aus Texas stammende Thorgummit, ein Gemisch von Thoriumsilikat und Uranhydrat, enthält 36 Proz. Thor und 18 Proz. Uran. An sie schließen sich mit geringerem Radium- oder Thoriumgehalt eine Reihe weiterer Mineralien an, welche Erdmetalle, wie Zirkon und Titan enthalten. Zu den radioaktiven Mineralien im engeren Sinne pflegt man nur die beiden ersteren Gruppen zu rechnen. Inaktiv, d. h. von einer unmeßbar geringen Aktivität sind verhältnismäßig wenige Mineralien, unter ihnen allerdings gerade die verbreitetsten, wie Quarz, verschiedene Feldspate, Amphibole, Granate, Olivin u. a.

2. Meßmethoden.

Die ersten Messungen sind auch hier nach der α-Strahlenmethode vorgenommen worden. Die radiumreicheren Mineralien bieten dabei den Vorteil, daß man für die Messung mit wenigen Zentigrammen ausreicht, man kann daher die Schichten so dünn nehmen, daß die Absorption der α-Strahlen innerhalb des zu untersuchenden Materials selbst weniger stark in das Gewicht fällt. Am vorteilhaftesten verfährt man dabei nach dem Vorgang Mc Coys so, daß man das Mineralpulver mit Chloroform zu einem dicken

Brei mischt, den man auf einer passenden Unterlage ausbreitet. Als Vergleichsmaterial verwendet man am besten das Uranoxyd.

Da, wie wir gleich sehen werden, in den meisten Uranmineralien Uran und Radium stets in demselben Verhältnis vorkommen, so kann man in vielen Fällen den Radiumgehalt eines Uranminerals aus der vorhandenen Uranmenge berechnen, die sich nach den in der analytischen Chemie üblichen Methoden leicht bestimmen läßt. Desgleichen läßt sich bei den thoriumreicheren Mineralien der Thoriumgehalt auf chemischem Wege bestimmen; bei thoriumärmeren kann man, wie es auch bei der Untersuchung der Gesteine vielfach geschieht, auf die Trennung des Thoriums von den anderen vorhandenen Erden verzichten und die Aktivität des das Thorium nebst anderen Erden enthaltenden Niederschlages mit Hilfe der α-Strahlung bestimmen, indem man sich als Vergleichsmaterial eines ähnlichen Gemisches aus einer bekannten Menge Thoriumhydroxyd und anderen Gesteinen bedient.

Sicherere Werte dürften auch hier die Messungen der Emanationsmenge geben. Messungen des Radiumgehaltes von Mineralien mit Hilfe der aus den Minerallösungen entwickelten Emanation hat zuerst Strutt (III, 1) ausgeführt. Die Emanation wurde, wie dies auch von Joly gemacht wurde, durch Kochen in das Meßgefäß übergeführt. Weitere Messungen sind durch die bereits genannten Forscher in der Regel nach derselben Methode ausgeführt worden.

Nur Fräulein Gleditsch (III, 3) hat bei ihren Untersuchungen des Radiumgehaltes von Uranmineralien ein umständlicheres Verfahren angewandt. Aus der Lösung des Erzes wurde das Radium nach Zusatz von Baryumlösung durch Schwefelsäure ausgefällt und dieses Verfahren so lange wiederholt, bis die entstandenen Niederschläge inaktiv waren; dann wurden die Sulfate wieder durch Umschmelzen oder Kochen mit Alkalicarbonat und Behandlung mit Salzsäure in Chlorid übergeführt. Sie erhält auf diese Weise klare Lösungen, aus denen sich keine die Emanation zurückhaltende Flocken ausscheiden können. Ihre Resultate stimmen unter sich und auch mit den von der Forscherin selbst nach der einfacheren Methode erhaltenen gut überein, weichen aber aus noch unbekannten Gründen von denen anderer Forscher, wie wir sehen werden, wesentlich ab.

Die einfachste Methode, den Gehalt eines hochaktiven Minerals an Radium zu messen, die aber nur anwendbar ist, wenn keine anderen strahlenden Produkte, wie z. B. das in Mineralien ziemlich verbreitete Mesothorium, vorhanden sind, besteht in dem Vergleich der γ-Strahlung des betreffenden Minerals mit der eines Radiumpräparates von bekanntem Gehalt. An Stelle des direkten Vergleiches kann nach V. F. Hess (III, 4) die Messung der γ-Strahlung durch ein mit Hilfe eines Normalpräparates geeichtes Elektrometer treten.

3. Die stark radioaktiven Mineralien.

Ich gebe nachstehend eine Liste der wichtigsten uran- und thorhaltigen Mineralien, in der Hauptsache nach Szilard (III, 2), in dessen Liste man noch weitere Angaben über Fundorte und die kristallographischen Verhältnisse findet (siehe die Tabelle a. f. S.).

Zu erwähnen wäre hier noch der Pyromorphit (Bleiphosphat + Chlorblei) von Issy l'Evêque, der Radium, aber kein Uran enthält, in diesem Falle also durch Auslaugung eines bleihaltigen Uranminerals entstanden sein muß, und des Cotunnits (Bleichlorid). der im Krater des Vesuvs vorkommt und nur die Zersetzungsprodukte der Radiumemanation enthält.

Wie schon aus den Angaben dieser Tabelle hervorgeht, scheinen Uran und Thorium einen wesentlichen Bestandteil des granitischen Magmas zu bilden, denn alle radioaktiven Mineralien haben ihren Ursprung im Granit. Zu diesen primären Mineralien, die in der Regel nur in vereinzelten Kristallen im Granit selbst eingesprengt sind, gehören Äschynit, Fergusonit, Monazit, Samarskit, Thorit und Thorianit, Xenotim und Uranglimmer. Einige von diesen, wie Äschynit, Samarskit und Xenotim besitzen eine ziemlich weite Verbreitung, das Vorkommen anderer, wie das des Thorianits, ist auf bestimmte Gegenden beschränkt. Zu den an radioaktiven Einsprenglingen reichsten Gesteinen gehören die Granite, Syenite und Pegmatite des südlichen Norwegens (Arendal), der norwegischen Insel Hitterö, des Ural, ferner die aus Norddakota und Texas. Daß in denjenigen Mineralien, welche die Grundmasse des Gesteins bilden, sich nur Spuren radioaktiver Stoffe nachweisen lassen, deutet bei der außerordentlich hohen Empfindlichkeit der Methoden des Nachweises dieser Stoffe darauf hin, daß sich nicht das im Magma enthaltene Uran oder Thorium bei der Kristallisation der genannten Mineralien konzentriert hat, sondern daß

	Chemische Zusammensetzung	Vorkommen
Äschynit	Niobat und Titanat seltener Erden. Uran 0,33 Proz. Thor 0—20 Proz.	Im Granit, Ural, Norwegen, Brasilien
Auerlith	Silikat und Phosphat von Thorium	Freman Mine
Autunit	Doppelphosphat von Uran und Kalk. 50 Proz. Uran	In uranhaltigem Granit. Weit verbreitetes Zersetzungsprodukt der Pechblende. Erzgebirge, Cornwall, Autun, Limoges, Onegasee, Philadelphia, Nordkarolina, Dakota, Tonkin u. a.
Blomstrandit .	Tantalat und Niobat von Uran. 22 Proz. Uran	Kirchspiel Evje
Calciothorit . .	Silikat von Ca u. seltenen Erden. 53 Proz. Thorium	Laven und Arö
Carnotit	Vanadinat von Kalium u. Uran. 55 Proz. Uran	Poröse Sedimentgesteine Colorado und Utah
Chalkolith . . .	Wasserhaltiges Urankupferphosphat. 50 Proz. Uran	Zersetzungsprodukt der Pechblende, Joachimsthal, Johann-Georgenstadt, Schneeberg, Zinnwald, Estremadura u. a., Cornwall
Cleveit	Oxyd von Uran, Thorium, Y, Ce, La, Pb. 60 Proz. U. 4 Proz. Thor	Johann-Georgenstadt, Arendal, Christiansund, Llano Co., Texas, Quebec
Erdmannit . . .	Borosilikat von Eisen und Kalk, Zr, Th, Al, Y, Ce, La, Be. 9 Proz. Thor	Eingesprengt in Feldspat, Brevig, Arö
Euxenit (Polykras)	Tantalat und Niobat der seltenen Erden und Uran. 10—16 Proz. Uran	Im Granit, Arendal (Norwegen), Irland, Nordkarolina
Fergusonit . . . (Bragit)	Orthoniabat und Tantalat der seltenen Erden. 1—7 Proz. Uran, 2—6 Proz. Thor	Wie Euxenit in Graphit, verbreitet in Norwegen, Grönland, Texas, Ceylon
Freyalith	Silikat von Thorium und seltenen Erden. 24 Proz. Thor	Barkevikscheeren
Gadolinit	Oxyd der seltenen Erden, schwach thorhaltig	Norwegen, Colorado, Westaustralien
Gummit . . . . . (Eliasit, Pittinit)	Uranhydroxyd, SiO_2, und Pb-haltig. 60 Proz. Uran, Spuren Thor	Zersetzungsprodukt der Pechblende, Joachimsthal, Johann-Georgenstadt, Nordkarolina
Hatchettolith .	Tantalat und Niobat von Uran, Ca, Y, Fe u. a. 13 Proz. Uran	Mitchell Co., Nordkarolina
Hjelmit	Tantalat und Niobat, Sn, Y, Mn, Fe, Ca. 0—7 Proz. Uran	Fahlun
Johannit	Urankupfersulfat. 56 Proz. Uran	Johann-Georgenstadt, Joachimsthal, Middletown (Shepard)
Kochelit	Wie Fergusonit. 11 Proz. Thor	Schreiberhau (Riesengebirge)
Liebigit	Wasserhaltiges Urancalciumcarbonat. 31 Proz. Uran	Joachimsthal, Johann-Georgenstadt, Adrianopel
Mackinthosit .	Silikat von Uran, der seltenen Erden und Pb. 20 Proz. Uran, 42 Proz. Thor	Texas, Llano Co.
Monazit	Phosphat der Cererden. 7—30 Proz. Thor, 0—7 Proz. Uran	Granit, Schweden, Norwegen, Nordkarolina, Brasilien
Nivenit	Wie Cleveit. 58 Proz. Uran, 6,5 Proz. Thor	Texas
Nohlit	Wie Samarskit. 13 Proz. Uran	Nohl, Kongelf (Schweden)
Pechblende . . .	Siehe Uranpecherz	—
Plumboniobat .	Uran-Yttrium-Niobat mit viel Pb. 12 Proz. Uran	Deutsch-Ostafrika
Phosphuranylit	Uranylphosphat. 60 Proz. Uran	Nordkarolina
Polykras	Titanat und Niobat von Yttrium u. Cererden. 7—8 Proz. NO_2	Hitterö, Hettekra (Schweden), Karolina

	Chemische Zusammensetzung	Vorkommen
Pyrochlor . . .	Niobat von Kalk und Cererden. 0—6 Proz. Thor	Miask, Brevig, Alnö (Schweden), Pikes Peak (Colorado)
Rutherfordit . .	Kohlensaures Uran, Pseudomorphosen nach Pechblende. Etwa 65 Proz. Uran	Deutsch-Ostafrika
Samarskit . . .	Niobat und Tantalat der seltenen Erden und Uran. 3—14 Proz. Uran, bis 3 Proz. Thor	Im Granit verbreitet, Ilmensee, Norwegen, Ural, Nordkarolina, Colorado, Quebec
Sipylit	Niobat von Erbium. 3 Proz. Uran	Little Friar Mountain (Virginien)
Thorgummit . .	Silikat von Uran, Thor, La, Ba, Pb. 18 Proz. Uran, 36 Proz. Thor	Llano Co., Texas
Thorianit. . . .	Oxyd von Thor, Uran, seltenen Erden, Zr, Fe, Pb. 4—10 Proz. Uran, 65 Proz. Thor	Im Granit, Ceylon
Thorit (Orangit) .	Thoriumsilikat, 1—10 Proz. Uran enthaltend	Brevig, Arendal, Hitterö, Trotter Mine (New York)
Tritonit.	Fluorsilikat von Th, Ce, Ca, Fe, Ta. 5—8 Proz. Thor	Brevig, Bardevik
Trögerit	Wasserhaltiges Uranarseniat. 53 Proz. Uran	Schneeberg (Sachsen)
Tscheffkinit . .	Silikat und Titanat von Fe und seltenen Erden. 1—17 Proz. Thor	Miask, Virginien, Südindien
Thysonit	Basisches Sulfat von Uran, Ca, Cu, Fe, 20 H_2O. 65 Proz. Uran	Joachimsthal, Sabugosa
Uranpecherz . . (Pechblende) Varietäten: Bröggerit, Cleveit, Niveit	Oxyd von Uran, seltenen Erden, Pb, Ca, Fe, Bi, Mn, Mg, Cu, Al, Si, H_2O. 25—80 Proz. Uran. 1—5 Proz. Thor	Erzgänge: Joachimsthal, Johann-Georgenstadt, Przibram, Cornwall, Colorado, Süddakota, Uruguru, Geb. in Deutsch-Ostafrika und im Granit, Syenit, Pegmatit eingesprengt, Norwegen, Schweden, Nordkarolina, Connecticut
Uranochalcit .	Urankalksulfat, Cu, Fe, H_2O. 32 Proz. Uran	Joachimsthal
Uranocirit . . .	Uranbaryumphosphat + 8 H_2O. 47 Proz. Uran	Falkenstein i. Vogtland
Uranophan . . .	Urancalciumsilikat + 6 H_2O, Pb, Ba. 55 Proz. Uran	Zersetzungsprodukt der Pechblende. Arendal, Neustädtel im Vogtland, Wölsendorf, Colmenarejo (Madrid)
Uranopylit . . .	Urankalksulfat. 65 Proz. Uran	Johann-Georgenstadt
Uranosphärit .	Uranwismuthydroxyd. 42 Proz. Uran	Zersetzungsprodukt von Uranmineralien, Schneeberg i. Sachsen
Uranospinit . .	Urankalkarseniat + 8 H_2O. 49 Proz. Uran	Schneeberg
Uranothallit . .	Urancalciumcarbonat + 10 H_2O. 32 Proz. Uran	Joachimsthal
Uranothorit . .	Uranhaltendes Thoriumsilikat. 40—50 Proz. Thor, 8 Proz. Uran	In Granit, Arendal, Hitterö, Champlainsee (New York)
Voglit.	Urankalkkupfercarbonat. 35 Proz. Uran	Joachimsthal
Walpurgit . . .	Urankupferarseniat. 16 Proz. Uran	Schneeberg
Xenotim	Yttriumphosphat mit Ce, Fe, Mn, Ca. Titanat von Yttrium. Bis 30 Proz. Uran, 0—2 Proz. Thor	In Graniten, Norwegen, Nordkarolina
Yttrocasit . . .	Titanat von Yttrium, Thorium u. Uran. 2 Proz. Uran, 7 Proz. Thor	Burnest Co. (Texas)
Zeunerit . . . . (Uranglimmer)	Urankupferarseniat. 50 Proz. Uran	Im Granit, Joachimsthal, Schneeberg, Zinnwald, Cornwall

umgekehrt die radioaktiven Stoffe nachträglich in die schon mehr oder minder erstarrte granitische Masse eingedrungen sind.

Eine zweite Klasse von radioaktiven Mineralien bilden die Uranmineralien im engeren Sinne, die wie Pechblende in Form von Erzgängen vorkommen, nicht im Granit selbst, sondern in den ihn umgebenden Dolomiten und Schiefern. Ihre Entstehung dürfte dieselbe sein wie die anderer Erzgänge. Auf die viel behandelte Frage nach der Entstehung derselben einzugehen, ist hier nicht der Ort, nur möge im Hinblick auf eine Theorie erwähnt werden, daß eine Reihe pneumatolytischer Mineralien, wie Flußspat, Topas, Turmalin, Zinnstein fast ganz inaktiv sind, wie denn auch die topasierten Gneise aus dem Erzgebirge nur sehr schwach aktiv sind.

Eine dritte Klasse Uranmineralien bilden die durch die Zersetzung der bisher genannten entstandenen, wie der Autunit, Chalkolit, Gummit, Uranosphan, Uranosphärit.

Der Unterschied zwischen Uranmineralien, die seit ihrem Entstehen unverändert blieben, und solchen der dritten Klasse muß sich auch in dem Verhältnis des Uran- zum Radiumgehalt aussprechen. Wenn in das Mineral Radium oder Uran weder ein- noch ausgetreten sind, so muß sich in der langen Zeit seines Bestehens radioaktives Gleichgewicht ausgebildet haben, der Gehalt an Radium muß also dem an Uran proportional sein. Diese schon von ihrem Begründer ausgesprochene Folgerung aus der Rutherfordschen Theorie des Atomzerfalles wurde durch Untersuchungen bestätigt, die Boltwood (III, 5) und Strutt (III, 6) unabhängig voneinander fast gleichzeitig ausführten. In den an Uran reichen Mineralien stimmen die von Boltwood gefundenen Werte für das Verhältnis von Radium zu Uran bis auf 4 Proz. genau miteinander überein, die von Strutt erhaltenen zeigen allerdings eine weniger gute Übereinstimmung.

Dem gegenüber kam E. Gleditsch in der bereits zitierten Arbeit, die im Laboratorium von Frau Curie ausgeführt wurde, zu dem Resultat, daß in der Joachimsthaler Pechblende das Verhältnis von Radium zu Uran um 15, im Autunit um 32 Proz. niedriger sei als im Thorianit. Soddy und Pirret (III, 7) sowohl als auch Markwald und Russell (III, 8) kamen dagegen bei der Nachprüfung dieser Angabe zu dem Resultat, daß im Autunit und in anderen sekundären Mineralien das Verhältnis von Radium zu Uran im Verhältnis von 1:3 schwanken könne, aber immer niedriger bleibe als in den primären Erzen, daß dagegen in den letzteren, vor allem also der Pechblende, dieses Verhältnis konstant sei.

Eine erneute unter Beobachtung aller Vorsichtsmaßregeln vorgenommene Prüfung ließ Frl. Gleditsch ihr früheres Resultat wiederfinden. Es waren dabei einige Mineralien auch nach dem einfacheren Verfahren, der Messung der in der Lösung des Minerals selbst sich bildenden Emanation, untersucht worden. Wieder fand sich, wie die nachstehende Tabelle zeigt, im Autunit, Carnotit, Chalkolith, Gummit, das Verhältnis Radium zu Uran bedeutend kleiner als in der Pechblende und ihren Varietäten, und in dieser letzteren selbst bis zu 7,5 Proz. nach beiden Richtungen vom Mittelwert abweichend.

Mineral	Fundort	Radiumgehalt in Proz. $\times 10^{-5}$ g	Urangehalt in Proz.	Verhältnis Ra/U $\times 10^{-7}$ g
Chalkolith	Sachsen	0,714	39,29	1,82
„ a	Portugal	1,300	39,03	3,33
„ b	„	0,024	0,724	3,35
„	Deutschland	0,905	28,80	3,14
„	Cornwall	1,70	48,66	3,49
Carnotit	Colorado	0,375	16,00	2,34
Autunit	Autun	1,20	46,92	2,56
„	Tonking	1,22	47,10	2,59
Gummit	Deutschland	0,58	17,37	3,34
Samarskit	Indien	0,295	8,80	3,35
Bröggerit	Norwegen	2,10	63,89	3,29
Cleveit	—	1,81	54,90	3,32
Uranthorit	—	0,16	4,83	3,31
Thorianit	Ceylon	0,66	18,60	3,55
Pechblende	Joachimsthal	1,48	46,10	3,21
„ 2	Norwegen	2,05	58,90	3,48
„ 1	„	0,17	4,67	3,64
„	Cornwall	1,07	28,70	3,74

Daraufhin nahm auch Markwald (III, 9) im Verein mit B. Hermann seine früheren Arbeiten wieder auf. Er blieb bei der früher angewandten Methode, die neben der größeren Einfachheit auch noch den Vorteil bot, daß 100 mg Erz für die Analyse genügten, während E. Gleditsch zur Bestimmung des Radiums die 1000fache Menge, 100 g, verwendete. Ich vermute, daß hierin die Ursache der Differenzen liegt, denn es ist natürlich leichter, kleine Stückchen unverwittert und frei von jedem Einsprengling und von Gangmaterial zu bekommen als große. Jede der Markwaldschen Zahlen ist das Mittel der Analysen von zwei bis drei Proben. Das Resultat bestätigt, wie nachstehende Tabelle zeigt, das früher erhaltene. Die Werte für das Verhältnis von Radium zu Uran weichen im Höchstfall um 0,4 Proz. voneinander ab.

Mineral	Fundort	Urangehalt in Proz.	Verhältnis Ra/U $\times 10^{-7}$ g
Pechblende	Ostafrika	71,20	3,325
"	Norwegen I	66,55	3,328
"	Norwegen II	64,39	3,328
"	Joachimsthal	63,52	3,341
"	Marienberg	41,46	3,331
"	Freiberg	23,74	3,339
"	Pribram	44,53	3,323
"	Colorado	59,95	3,328
"	Cornwall	9,01	3,320
Bröggerit	Norwegen	65,80	3,323
		Mittel . .	3,329

Auch eine Bestimmung des Radiumgehaltes der Pechblende — der thorhaltige Bröggerit kam hierfür nicht in Betracht — zeigt, daß der Gehalt an Radium dem an Uran proportional ist. Des weiteren fand auch McCoy, daß die Gesamtaktivität unzersetzter alter Mineralien stets dem Urangehalt proportional ist. Man wird also nach allen diesen Messungen annehmen müssen, daß im unveränderten Mineral das Verhältnis Radium : Uran konstant ist, und daß Frl. Gleditsch wahrscheinlich nicht ganz frisches Material zu ihrer Verfügung hatte. Diese selbst zieht freilich aus ihren Beobachtungen den Schluß, daß infolge der langen Lebensdauer des zwischen Uran und Radium stehenden Ioniums das Mengenverhältnis von Radium und Uran von dem Alter des betreffenden Minerals abhängig ist, und weist auf den Umstand hin, daß die relativ radiumreichste Blende von Cornwall kommt, wo sich auch der an Radium reichste Chalkolith fand. Eine vollständige Aufklärung der Frage würde eine Untersuchung weiterer Uranmineralien aus verschiedenen geologischen Formationen erfordern.

4. Die Mineralien der seltenen Erden mit keinem oder wenig Uran.

Obgleich unter den im vorigen Abschnitt erwähnten Uranmineralien auch schon eine ganze Reihe Mineralien, die reich an seltenen Erden sind, sich befanden, sollen hier doch die von Uran freien oder wenigstens fast freien Mineralien der seltenen Erden noch besonders zusammengestellt werden, da sie trotz geringeren Radiumgehaltes infolge ihrer weiteren Verbreitung geologisch eine bedeutendere Rolle spielen als die Uranerze. Während der Radiumgehalt der Pechblenden und auch des Samarskits zwischen 0,2 und 2×10^{-7} g pro Gramm Mineral schwankt, ist der der jetzt zu besprechenden Mineralien, wie die nachstehende von Strutt herrührende Tabelle zeigt, von einer 1000 mal kleineren Größenordnung. Dabei ist nun freilich zu bemerken, daß die Aktivität dieser Mineralien auch weniger durch ihren Radium- als vielmehr durch ihren hier nicht angegebenen Thoriumgehalt bedingt ist. Bei der Untersuchung nach der α-Strahlenmethode, welche die Gesamtaktivität, wenn auch weniger genau, zu messen gestattet, ergibt sich, daß die Aktivität z. B. des Orthits, der auch in der beifolgenden Liste als eines der radiumreichsten Mineralien erscheint, nicht viel hinter der der Pechblende zurücksteht.

Mineral und hauptsächlichste Bestandteile	Fundort	Radium in 1 g Mineral $\times 10^{-11}$ g
Zirkon, Zr, Si, O	Kimberley	1,91
Eudialit, Zr, Ca, Fe, Si, O	Grönland	1,26
Orthit, Ce, La, Y, Al, Fe, Si, O	Schweden	23,6
Gadolinit, Y, Ce, Fe, Si, O	Hitterö	15,6
Keilhanit, Y, Ti, Ca, Al, Te, Si, O	Alve, Norwegen	45,2
Niobit, Nb, Ta, Th, O	Connecticut	9,7
Apatit, Ca, P, O, R, Ce	Canada	1,46
Flußspat mit seltenen Erden	Ivitgut, Grönland	0,16
Cerit, Ce, La, Si, H, O	Bastnaer, Schweden	3,0

Von den oben schon erwähnten Mineralien wäre ferner hier zu nennen: Thorianit, Thorit (Orangit) und der Monazit, von denen die beiden ersten bis zu 10, der letztere bis zu 7 Proz. Uran enthalten, während der Thorgehalt in den beiden ersteren bis 65, im Monazit auf 35 Proz. steigen kann. Stark thoriumhaltig ist ferner der Euxenit. In den Zirkonen ist der Radiumgehalt starken Schwankungen unterworfen, in den von Strutt untersuchten Exemplaren geht derselbe von 75 bis 865 $\times$ 10^{-12} g, und der Verfasser hat Zirkone gefunden, welche keine nachweisbaren Mengen von Radium mehr enthielten. Die Aktivität des Zirkons sowohl als auch der anderen Mineralien dieser Gruppe beruht nämlich weniger auf ihrem Radium- als vielmehr auf ihrem Thoriumgehalt. Selbst der stark aktive Orthit ist manchmal vollständig radiumfrei. Ebenso wie die Zirkonkristalle enthalten auch die natürlichen brasilianischen Zirkonerden größere Mengen Thorium sowohl als auch Radium. Quantitative Bestimmungen des Thoriumgehaltes der nur schwach aktiven Mineralien liegen nur in geringen Mengen vor.

Die Resultate der Struttschen Untersuchungen von Zirkonen mögen hier mit Rücksicht auf die später zu besprechenden Altersbestimmungen angeführt werden. Unter Heliumverhältnis ist das Verhältnis der Heliummenge zu der wirklich vorhandenen und der dem vorhandenen Thoriumoxyd äquivalenten Uranoxydmenge verstanden.

Ort	Geologische Epoche	Pro Gramm des Zirkons			Helium-verhältnis
		Helium ccm $\times 10^{-4}$	U_3O_8 g $\times 10^{-4}$	ThO_2 g $\times 10^{-4}$	
Vesuv	Tertiär	<0,4	38,0	—	<0,01
Campbell I., N. Z.	„	0,807	3,17	8	0,223
Mayen, Eifel	„	1,14	12,7	0	0,090
Espailly, Auvergne	„	2,12	3,72	0	0,570
N. E. Tasmania	?	4,34	1,14	0	3,88
Brevig, Norwegen	Spät-Devon	98,8	13,3	32,7	4,94
Cheyenne, Colorado	Paläozon	193	12,8	11,4	12,8
Green River, Neukarolina .	„	255	12,9	30,1	13,4
Uralgebirge	„	300	6,34	46,5	19,0
Kimberley Diamantminen .	„	323	10,8	1,32	29,2
Ceylon	Alt	210	6,57	19,8	19,8
„	„	283	10,1	4,0	26,0
„	„	575	75,3	28,5	7,1
Sebastopol, Ontario	Archäisch	114	1,83	0,92	56,6

5. Die Radioaktivität der gewöhnlichen Mineralien.

Den Radiumgehalt solcher Mineralien, welche weder Uran noch seltene Erden als wesentlichen Bestandteil enthalten, hat bis jetzt nur Strutt bestimmt. Der Thoriumgehalt solcher ist überhaupt noch nicht gemessen worden. Die Gesamtaktivität einer Anzahl Mineralien dieser Klasse hat Gockel gemessen.

a) Elemente. In gediegenem Silber, Wismut und Tellur konnte Strutt kein Radium nachweisen. Graphit von Ceylon fand Gockel inaktiv, andere Graphitsorten zeigten dagegen ein ziemlich starkes Strahlungsvermögen, ein solcher von Borrodaile, Cumberland, enthält nach Strutt $3{,}3 \times 10^{-12}$ g Radium.

b) Oxyde. Keine oder kaum nachweisbare Spuren von Radium enthalten nach Strutt Korund, Cuprit, Rutil und Titaneisenerz und Chromit. Ziemlich stark aktiv erwiesen sich dagegen ein Hämatit von Cumberland mit einem Radiumgehalt von $5{,}1 \times 10^{-12}$ und ein Zinnstein von Cornwall mit $1{,}26 \times 10^{-12}$ g. Bemerkenswert ist, daß dieses letztere pneumatolytische Mineral in der Regel zusammen mit anderen aktiven Mineralien, wie Apatit und Titanaten vorkommt. Das Titaneisenerz (Ilmenit) fand auch Gockel vollständig inaktiv.

c) Schwefel-Selen- und Arsenverbindungen. Von drei von Strutt untersuchten Zinkblenden enthielt nur eine aus der Grafschaft Denbigh Radium, und zwar 0,2, noch weniger ($0{,}03 \times 10^{-12}$ g) ein Bleiglanz von Nenthead, Cumberland. Inaktiv war ein Zinnober von Almaden, während Losanitch angibt, daß er Zinnober von Avala bei Belgrad und von Idria aktiv gefunden habe. Möglich, daß diese Aktivität auf einem Thoriumgehalt beruhte, auf den Strutt nicht prüfte. Radiumfrei fand letzterer auch Molybdänit und Cadmiumblende; ein Bornit von Cornwall dagegen enthielt auffallenderweise $10{,}4 \times 10^{-12}$ g Radium.

Ferner enthielten Radium:

Antimonblende, Neusüdwales	$0{,}42 \times 10^{-12}$ g
Zinnkies, Cornwall	0,01

d) Sulfate. Von diesen beansprucht das größte Interesse der Baryt wegen der chemischen Ähnlichkeit von Radium und Baryum. Wider Erwarten sind die meisten Schwerspate vollständig inaktiv. Eine Ausnahme machen:

Baryt, Wolfach	$0{,}5 \times 10^{-12}$ g	G. Meyer
„ Aach bei Freudenstadt .	2,3	„
„ St. Boss, Cumberland . .	1,4	Strutt

Zu nennen wäre hier noch ein Cölestin von Zati, Gloucestershire, mit einem Radiumgehalt von 0,84.

e) Wolfram-Vanadinate und Titanate. Strutt gibt folgende Zahlen:

Wolfram, Blagan, Cornwall	$33{,}9 \times 10^{-12}$ g
Scheelit, Cornwall	0
Vanadinit, Dumfries	0
Perowskit, Magnet Cowe, Arkansas	197
Titanit	102

f) Silikate und Kieselsäure. Während reiner Quarz meistens inaktiv gefunden wurde, konnte Strutt in vier von fünf untersuchten Stücken wenigstens geringe Mengen von Radium nachweisen, am meisten, nämlich $0{,}4 \times 10^{-12}$ g, in einem Quarz aus Kalk von Brandon, Norfolk. Inaktiv sind auch die meisten Silikate, besonders die stark basischen, wie Granaten, Olivin u. a. Daß die Feldspate, abgesehen von Orthit, in der Regel weder Radium noch Thorium enthalten, wurde bereits erwähnt, Glimmer sind meistens inaktiv, können aber manchmal, wahrscheinlich infolge mikroskopisch kleiner Einschlüsse radioaktiver Mineralien, Radium oder Thorium enthalten. Fletcher fand folgende Zahlen:

	Radium	Thorium
Muskowit	$0{,}72 \times 10^{-12}$ g	$0{,}91 \times 10^{-5}$ g
„ mit Biotit	4,48	0
Biotit mit vielen Höfen	11,87	0

6. Alter der Mineralien.

Holmes (III, 15) hat das Alter der Mineralien aus dem Verhältnis ihres Uran- zu dem Bleigehalt zu bestimmen versucht. Er ging dabei von der Ansicht aus, daß sich Uran unter sukzessiver Abscheidung von acht Heliumatomen in Blei umwandelt. Da die aus 1 g Uran pro Jahr sich entwickelnde Heliummenge bekannt ist, so läßt sich aus dem erwähnten Verhältnis das Alter des Minerals bestimmen unter folgenden Voraussetzungen:

1. Die Uranmenge ist im Verhältnis zu der des Pb so groß, daß sie als konstant bleibend angesehen werden kann.
2. Das Mineral enthielt im Zeitpunkt seiner Bildung noch kein Blei.
3. Das jetzt vorhandene Blei rührt nur von der Zerstörung des Urans her.
4. Es fand überhaupt zwischen dem Mineral und seiner Umgebung kein Austausch von Uran und Blei statt.

5. Da der Urangehalt auch nicht direkt bestimmt, sondern aus der gemessenen Menge Radiumemanation berechnet wird, so muß vorausgesetzt werden, daß während des Bestehens des Minerals auch kein Uran oder Radium ein- oder ausgetreten ist.

Unter all diesen Voraussetzungen leitet nun Holmes das Resultat ab, daß verflossen sind seit Bildung der

Steinkohlenformation	340	Mill. Jahre
Devon	370	„ „
Silur	430	„ „
Präcambrium, Schweden	1100	„ „
„ Vereinigte Staaten	1400	„ „
„ Ceylon	1640	„ „

Die analysierten Mineralien sind zum Teil solche, die Thorium und Erdmetalle und die seltenen Erden enthalten, wie Thorit, Orangit, Pyrochlor, Zirkon u. a., ferner aber auch fast ganz inaktive, wie Nephelin und Feldspat. Uranmineralien im engeren Sinne des Wortes finden sich keine unter ihnen.

Solche hatte dagegen bereits früher Boltwood untersucht (IV, 16) und war für das Alter derselben zu Zahlen gekommen, die zwischen 246 und 1320 Mill. Jahren schwankten. Sein Verfahren wurde lebhaft von dem amerikanischen Geologen Becker kritisiert, der darauf hinwies, daß sich nach der Schlußweise Boltwoods für Mineralien, die augenscheinlich derselben Formation angehören, Alter ergäben, die zwischen 1670 und 11 470 Mill. Jahren schwanken. Nach Beckers Ansicht ist das Blei als Verunreinigung in den untersuchten Mineralien vorhanden.

Die oben mitgeteilten Zahlen von Holmes scheinen unter sich in genügender Übereinstimmung zu stehen. Es ist aber zu berücksichtigen, daß Holmes selbst die Hälfte seiner Analysen, welche für das Verhältnis Pb/U zu hohe Zahlen gaben, bei der Berechnung unberücksichtigt ließ. Dieses Verfahren schließt eine Willkür in sich. Bei den sekundären Mineralien dagegen ist das Verhältnis Pb/U schwankend, und Markwald hat sogar Autunite gefunden, die vollständig frei von Blei waren. Da dieses Metall verhältnismäßig leicht lösliche Verbindungen bildet, so ist es leicht einzusehen, daß ein Mineral, das durch Auswaschen eines anderen entstanden ist, wenig oder kein Blei enthält. Daraus, daß Soddy und Pirret Autunite gefunden haben, bei denen das

Verhältnis Radium: Uran nur 0,24 desselben Verhältnisses in der Pechblende ist, würde dann folgen, daß in bezug auf Löslichkeit die Radiumverbindungen zwischen denen von Uran und Blei stehen, so daß aus der Pechblende durch den Auslaugungsprozeß ein an Uran verhältnismäßig reiches Mineral entsteht. Für diese Hypothese spricht auch die Entdeckung des schon erwähnten radium-, aber nicht uranhaltigen Pyromorphits von Issy l'Evêque, der also diejenigen Stoffe enthalten würde, die bei der Umwandlung der Pechblende in Autunit aus der ersteren weggeführt wurden. Es ist also kein Zufall, daß dieser Pyromorphit durch Danne in der Nähe von Autunitlagern gefunden wurde.

Der Gehalt an Ionium scheint nach Markwald und Russel in primären Mineralien dem an Uran proportional zu sein, während in Autuniten der Ioniumgehalt relativ kleiner und Schwankungen unterworfen ist. Die genannten Autoren bemerken aber selbst, daß die Ioniumbestimmungen noch keiner besonderen Genauigkeit fähig sind.

Die ersten Versuche, das Alter von Mineralien aus dem Verhältnis des Urans zu seinen Zersetzungsprodukten zu bestimmen, hat schon Rutherford gemacht. Er verwendete für die Berechnungen die experimentell gut bestimmte Geschwindigkeit, mit der sich Helium aus Radium bildet. Für Thorium ist dieselbe Größe nicht experimentell bestimmt, sie kann aber aus dem Verhältnis der Intensität der α-Strahlung des Thoriums zu der des Radiums berechnet werden. Bei seinen ersten Bestimmungen, die sich auf das Alter eines Fergusonits von geologisch unbekanntem Alter bezogen, hat Rutherford die Heliumentwickelung durch Thorium und seine Zersetzungsprodukte überhaupt nicht in Rechnung gezogen. Am eingehendsten haben sich mit dem Verhältnis des Heliums zu dem Radiumgehalt von Mineralien Strutt (IV, 6) und Piutti (IV, 11 und 12) beschäftigt. Einige der von Strutt (IV, 18) erhaltenen Zahlen stehen unter sich und mit den von Holmes in guter Übereinstimmung: so ergibt sich z. B. aus dem Heliumgehalt eines Hämatites für das Eocän ein Alter von 31, das Carbon 141 und das Devon 145 Mill. Jahren.

Andererseits ergeben von zwei Titaniten aus dem Archäicum und von demselben Fundort, der eine für diese Schicht ein Alter von 222, der andere von 715 Mill. Jahren, und zu ähnlichen Unstimmigkeiten führte auch die Untersuchung von Zirkonen (siehe

Tabelle, S. 46). Ferner zeigte Strutt selbst, daß Helium durch fertig ausgebildete Mineralien hindurch diffundieren kann. Er betrachtete daher seine Zahlen selbst nur als Minimalwerte. Aus einigen, die ihm zuverlässig erscheinen, zieht er den Schluß, daß das Oligocän in Rheinpreußen mindestens ein Alter von 8,4, das Archäicum am Ontariosee ein solches von 710 Mill. Jahren hat.

Zambonini und Soddy (IV, 10), die daran gedacht hatten, auch das Alter von Uranmineralien aus ihrem Heliumgehalt zu bestimmen, setzen selbst Zweifel in die Zulässigkeit des Verfahrens, zumal eine Messung des Heliumgehaltes eines Autunits zu dem recht unwahrscheinlichen Resultat führte, daß derselbe nur ein Alter von 30 Jahren hat, und Piutti (III, 11) fand gar, daß auch das Gangmaterial Helium einschließt und kam zu dem Schluß, daß ein Autunit um so weniger Helium enthalte, je reiner er sei. Zum mindesten also für Mineralien, die sich nicht direkt aus dem ursprünglichen Magma abgeschieden haben, sondern durch Zersetzung anderer Mineralien entstanden sind, ist die Altersbestimmung aus dem Heliumgehalt unzulässig.

Eine besondere Rolle spielte bei diesen Diskussionen der Beryll. Strutt hat zuerst bemerkt, daß ganz inaktive Exemplare reichlich Helium enthalten — bis zu 57,5 cmm im Kubikzentimeter —, und Piutti (III, 12) hat dann nachgewiesen, daß auch andere Mineralien von nicht nachweisbarer oder sehr schwacher Aktivität — im Maximum 0,004 Uranoxydeinheiten — wie Turmaline, ferner der cäsiumhaltige Pollux, dann Spodumen, Albit, Lepidolith gut nachweisbare Mengen von Helium einschließen. Von den Beryllmineralien sind die Berylle selbst am heliumreichsten, ihnen folgen die Chrysoberylle und der Phenacit. In großen Kristallen sind die inneren Partien heliumreicher als die äußeren. An eine Einwanderung des Heliums aus dem umgebenden Gestein ist bei Mineralien, die sich u. a. auch in bituminösen Kalken finden, nicht zu denken. Piutti fand umgekehrt in Turmalinen aber auch die äußere Partie heliumreicher als die innere. Die Frage bleibt offen, ob dieses Helium das Zersetzungsprodukt eines verschwundenen radioaktiven Stoffes ist, oder eines solchen, dessen Strahlung, weil ihre Geschwindigkeit unter der kritischen bleibt, für uns nicht nachweisbar ist, oder ob es bei der Bildung der Mineralien aus einer heliumreichen Atmosphäre oder einem heliumreichen Magma absorbiert wurde. Boltwood nimmt an, daß sich bei der Bildung des Berylls in diesem die kurzlebigen Zersetzungsprodukte von Radium und Thorium konzentriert haben, von denen dann nur das Helium Bestand hatte.

Joly (III, 17) weist, gegenüber allen Versuchen, das Alter der Mineralien aus ihrer Zusammensetzung abzuleiten, darauf hin, daß, ebensogut wie sich Radium und Thorium in den sauren Magmen konzentrierten, dies auch ihre Zersetzungsprodukte in gewissen Mineralien getan haben können, so daß die oben an zweiter Stelle angeführte Voraussetzung von Holmes im allgemeinen nicht erfüllt wäre. Helium müßte sich dann in größeren Mengen, insbesondere in den wässerigen Lösungen, aus denen sich die Drusenmineralien bildeten, angesammelt haben, es könnte zu den Stoffen gehören, die bei der Bildung der ältesten Mineralien ausgestoßen wurden und sich infolgedessen in den zuletzt gebildeten anreicherten.

7. Radioaktivität und Zusammensetzung der Gesteine.

In dem zweiten Kapitel wurde wiederholt betont, daß die sauren Gesteine radioaktiver sind als die basischen. Eine Erklärung dieser Erscheinung, insbesondere auch nach der Richtung, ob vielleicht diejenigen Mineralien, die besonders reich an Radium und Thorium sind, sich in größeren Mengen in sauren Magmen gebildet haben, steht noch aus. Strutt hat ferner darauf hingewiesen, daß innerhalb eines gegebenen Magmas das Radium sich in den zuerst auskristallisierenden Mineralien anhäuft. Joly macht auf die Wichtigkeit dieser Bemerkung für die Petrogenese aufmerksam. Hätte sich basisches Gestein infolge größerer Dichte von bereits erstarrtem Material aus einem gemeinschaftlichen Magma abgesondert, so müßte sich hier, und nicht in dem sauren Gestein, die größere Radioaktivität finden. Zu berücksichtigen ist natürlich, daß diejenigen Molekülaggregate, die sich zuerst zusammenfinden, nicht auch zuerst auskristallisieren mußten. Fast inaktiv sind stets Hornblenden und Glimmer, die nach der allgemeinen Annahme der Petrographen aus dem für die erste Mineralbildung überschüssigen Material entstanden, und trotz des Absorptionsvermögens der Kieselsäure der Quarz, der auch nach Rosenbusch das zuletzt auskristallisierende Mineral darstellt. Da der Feldspat im allgemeinen noch weniger Radium enthält als der Glimmer, so müßte sich in Graniten dieser letztere zunächst nach den akzessorischen Mineralien abgeschieden haben; ihm folgte der Feldspat und zuletzt kristallisierte der fast überall radium- und thoriumfrei gefundene Quarz.

Die Einschlüsse radioaktiver Mineralien im Glimmer und anderen Mineralien verraten sich unter dem Mikroskop durch die pleochroitischen Halos. Im Dünnschliff erscheinen diese als farbige Ringe, in Wirklichkeit sind es, wie sich bei der Betrachtung zweier zueinander senkrecht geführten Schliffe ergibt, Kugelflächen. Sie finden sich außer in Glimmer auch noch in Cordierit, Andalusit, Chlorit, Hornblende, Strahlstein, Turmalin. Die Einschlüsse, um die herum sie beobachtet werden, sind in der Regel Zirkon, daneben noch Rutil, Titanit, Zinnsteine, Topas, Allanit, Orthit, Apatit, Biotit, Erze. Mügge (IV, 14), der diese Höfe und ihr Vorkommen ausführlich beschrieben hat, konnte sie auch künstlich durch Bestrahlung der genannten Mineralien mit Radiumbromid darstellen. Außer diesem Experiment spricht für den Ursprung dieser Höfe: 1. der Umstand, daß ihr Halbmesser übereinstimmt mit dem der Reichweite der α-Strahlen in den betreffenden Mineralien; 2. daß alle die von ihnen eingeschlossenen Mineralien, vor allem der Zirkon, mehr oder minder radioaktiv sind. Daß die Höfe im Zirkon viel häufiger sind als um die anderen genannten Mineralien, z. B. Apatit, stimmt gut mit der Beobachtung überein, daß Zirkon fast immer, die anderen Mineralien aber seltener, eine beträchtliche Aktivität besitzen. Bemerkenswert ist, daß in jüngeren, d. h. tertiären oder nachtertiären Gesteinen in der Regel in Biotit eingeschlossene Zirkone von keinem Hof umgeben sind. Die Ursache dieser Erscheinung ist noch nicht aufgeklärt. Vielleicht hängt sie damit zusammen, daß auch in den älteren Gesteinen die Höfe sich seltener im frischen Biotit, dagegen fast immer im schon chloritisierten finden. Die leichtere Hofbildung im Chlorit bestätigt auch das Experiment. Dieses wird auch noch entscheiden müssen, ob sich aus der Art der Ausbildung eines Hofes ein Schluß auf das Alter des betreffenden Gesteines ziehen läßt. Daß im älteren Gestein der Hof besser ausgebildet ist, erscheint natürlich, da sich ja die färbenden Effekte der α-Strahlteilchen, wie die des Lichtes auf der photographischen Platte addieren.

Eine andere interessante Tatsache scheint sich aber aus den Beobachtungen Mügges zu ergeben. Danach wäre der Zirkon selbst nicht radioaktiv, sondern nur den Zirkon begleitende, vielleicht durch Verwitterung oder Zersetzung aus ihm freigewordene trübe Teilchen, welche vermutlich thorithaltig sind. Hieraus wäre natürlich die weitere, durch die Beobachtung noch zu prüfende Folgerung zu ziehen, daß auch bei den anderen schwach aktiven Mineralien ähnliche Verhältnisse obwalten.

Aus der bekannten Reichweite der α-Strahlen in Glimmer und anderen Mineralien und dem Halbmesser der Höfe läßt sich die Natur des die Strahlen aussendenden radioaktiven Stoffes auch dann bestimmen, wenn der Hof, wie es häufig der Fall, aus verschiedenen Ringen besteht. So gelang es Joly und Fletcher, in einem und demselben Mineral die Wirkung der Strahlen folgender Stoffe nachzuweisen: Ionium (Reichweite 0,013 mm), Radium und Uran (0,016 mm), Radium A (0,023 mm), Radium C (0,033 mm). Begünstigt wird diese den Jahrringen des Holzes vergleichbare Ausbildung der Höfe durch den Umstand, daß die Wirkung der α-Strahlenteilchen nicht gleichförmig längs der ganzen Bahn verläuft, sondern kurz vor ihrem Ende ein Maximum erreicht.

Wo der Hof von thoriumhaltigen Substanzen herrührt, ließ sich bis jetzt eine komplexe Struktur nicht nachweisen.

Zum Hervorbringen eines gut ausgebildeten Hofes genügen weniger als 10^{-16} g Radium.

Aus dem Umstand, daß bis jetzt keine Ringe gefunden wurden, deren Durchmesser sich nicht mit der Reichweite der α-Strahlen bekannter radioaktiver Stoffe identifizieren ließen, zieht Geiger den weiteren Schluß, daß noch unbekannte α-Strahlen aussendende radioaktive Stoffe nicht existieren.

IV. Die Radioaktivität der Bodenluft.

1. Die Meßmethoden.

Wie bereits erwähnt wurde, gab den ersten Anlaß, Bodenarten auf ihren Gehalt an Radium und Thorium zu untersuchen, die Wahrnehmung, daß die in den Kapillaren des Bodens vorhandene Luft Radium- und, wie man später sah, auch Thoriumemanation enthielt.

Auch jetzt noch verwendet man zur Messung der vorhandenen Emanationsmenge das bereits von Elster und Geitel (IV, 1) angegebene Verfahren. Von der oberen Mündung des in die Erde

Fig. 3.

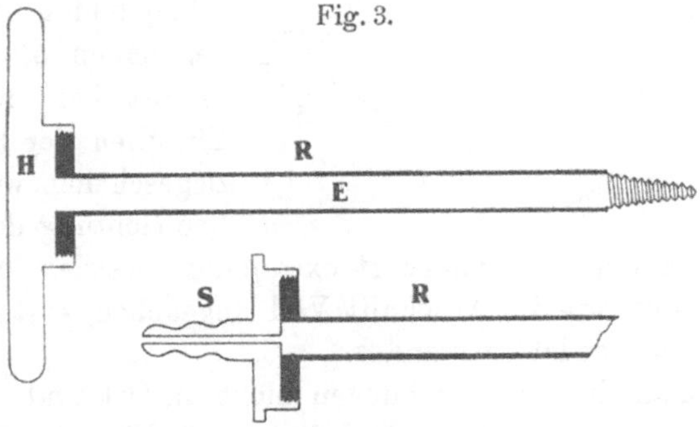

eingelassenen Rohres führt eine Rohr- oder Schlauchleitung zu einer Öffnung des mit dem Elektrometer verbundenen Meßgefäßes, durch die andere Öffnung wird mit Hilfe einer Wasserstrahlpumpe, eines Gummigebläses oder einer Saugflasche die Bodenluft in das Gefäß gepumpt. Bei Verwendung der Saugflasche kann eine bestimmte Luftmenge in das Meßgefäß eingesaugt werden, anderenfalls wird man so lange pumpen, bis man sicher ist, daß das Gefäß vollständig mit Bodenluft gefüllt ist. Die Firma Günther und Tegetmeyer in Braunschweig hat einen praktischen Erdbohrer konstruiert (Fig. 3). Über dem Stahlbohrer *E* befindet sich ein Rohr *R*, das nach dem Herausziehen des Bohrers in der Erde bleibt und auf welches dann der Schlauchansatz *S* aufgeschraubt werden kann. Wird das Rohr nicht mehr gebraucht, so kann es nach Einsetzen des Bohrers HE leicht aus der Erde entfernt werden. Die Emanationsmessung beruht auf der Messung der durch die α-Strahlung der Emanation sich bildenden Ionen. Man muß also die bereits in der Bodenluft vorhandenen Ionen zurückhalten. Dieses geschieht, wenn man die Bodenluft durch ein zur Erde abgeleitetes Metallrohr, das mit Kupferdrehspänen oder Drahtnetz gefüllt ist, hindurchströmen läßt. Ein dahinter geschalteter lockerer Wattepfropfen hält auch den etwa mitgerissenen Staub zurück. Da die Bodenluft im allgemeinen reich an Wasserdampf ist, so tut man, um ein Feuchtwerden der isolierenden Teile im Meßgefäß zu verhüten, gut daran, auch ein Chlorcalciumrohr in die Zuleitung einzuschalten (siehe Abschnitt VIII). Natürlich ist auch hier zu berücksichtigen, daß sich auf den Wänden des Meßgefäßes sofort ein aktiver Niederschlag bildet. Die Messungen haben also auch so unmittelbar nach dem Einfüllen der Emanation zu geschehen, wobei durch Beobachtung der Abklingungskurve auf den Anfangswert extrapoliert werden kann, oder aber man mißt, wie im Abschnitt VIII angegeben, erst nach Eintritt des Gleichgewichtszustandes.

Fig. 4.

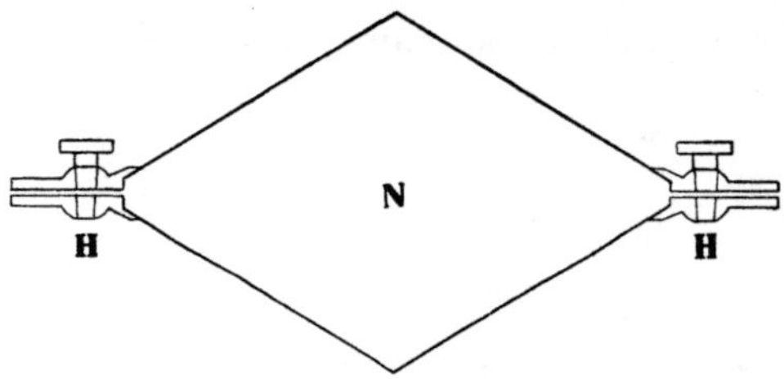

Kann man die Untersuchungen nicht an Ort und Stelle vornehmen, so saugt man die Bodenluft in eine Flasche oder besser ein eiförmiges Gefäß [Fig. 4][1]), indem man dasselbe zuerst mit Wasser füllt und dieses dann durch eine der beiden Öffnungen H ausfließen läßt, während die andere mit der Öffnung des in den Boden eingelassenen Rohres verbunden ist. Umgekehrt läßt man dann im Laboratorium Wasser durch eine Öffnung eintreten, während die andere mit dem Meßgefäß unter Zwischenschaltung eines Trockenrohres in Verbindung steht.

Es empfiehlt sich, soweit als möglich Kautschukschläuche zu vermeiden, da solche leicht wenigstens kleine Mengen von Emanation absorbieren.

[1]) Zu beziehen mit Tragriemen von der Firma Günther u. Tegetmeyer in Braunschweig.

Die Menge der Thoriumemanation kann wegen ihrer großen Zerfallsgeschwindigkeit natürlich auch nur dadurch gemessen werden, daß man, wie oben angegeben, die emanationshaltige Bodenluft mit Hilfe irgend einer Saugvorrichtung mit konstanter Geschwindigkeit durch das Meßgefäß strömen läßt.

Für klimatologische und luftelektrische Untersuchungen ist es nützlich, nicht die in einem bestimmten Augenblick in einer gegebenen Tiefe vorhandene, sondern die in der Zeiteinheit aus dem Boden austretende Emanationsmenge zu messen. Man verfährt hierzu am einfachsten so, daß man über den Boden ein unten offenes Gefäß stülpt und die Emanation, die sich nach einer bestimmten Zeit angesammelt hat, etwa mit Hilfe eines Gummigebläses nach der Zirkulationsmethode in ein Meßgefäß überführt. Anstatt die Emanation direkt zu messen, kann man auch die Menge des sich auf den inneren Wänden des Sammelgefäßes bildenden aktiven Niederschlages bestimmen, woraus sich auch die Menge der austretenden Thoriumemanation berechnen läßt. Man darf aber bei beiden Methoden nicht übersehen, daß das notwendigerweise vorhandene Sammelgefäß den Emanationsaustritt stets etwas verlangsamt. Erstens verhindert es die Bestrahlung des bedeckten Bodens durch die Sonne, welche eines der Hauptförderungsmittel des Austritts der Emanation ist, und zweitens ist ja auch die Konzentrationsdifferenz zwischen der Boden- und der darüber befindlichen Luft und damit die Diffusionsgeschwindigkeit der Emanation unter dem Gefäß stets kleiner als in der umgebenden freien Luft, wo die austretende Emanation durch die Luftbewegung rasch wieder weggeschafft wird.

Eine Einrichtung zur Registrierung der aus dem Boden austretenden Radiumemanation, die naturgemäß ziemlich kostspielig ist und auch nur in gedecktem, wenn auch ventiliertem Raume aufgestellt werden kann, haben Ebert und Endrös beschrieben (IV, 2a, 3).

2. Resultate.

Soweit wir bis jetzt sehen können, scheinen Radium- und Thoriumemanation in den meisten Böden vorzukommen. Frei könnten die noch nicht untersuchten Wüstensande, die Dünensande und vielleicht auch die Kiesablagerung der Flüsse sein. Auch an demselben Ort ist der Emanationsgehalt starken Schwankungen unterworfen; alles was das Austreten der Emanation hemmt, vor allem Durchnässung und Gefrieren des Bodens, erhöht natürlich den Emanationsgehalt in einer bestimmten Tiefe, während andere Faktoren, wie Erwärmung des Bodens durch Sonnenstrahlung und der Wind den Austritt der Emanation befördern und damit den Emanationsgehalt herabsetzen. Doch kann man hier an verschiedenen Orten auch je nach der Bodenbeschaffenheit zu sehr verschiedenen Resultaten kommen, wobei allerdings auch die Versuchsanordnung eine Rolle spielen mag. Satterly (IV, 4) in Cambridge fand im Hofe des Universitätslaboratoriums den geringsten Emanationsgehalt sogar nach Regen, und den höchsten bei schönem Wetter.

Nach Gockel (IV, 5) schwankt auf Moränegrund in Freiburg (Schweiz) in 1 m Tiefe der Emanationsgehalt im Verhältnis von 1:4, nach Satterly in Cambridge gar im Verhältnis von 1:8. Die tiefsten Werte wurden überall im Winter, die niedrigsten im Sommer gefunden, und zwar in Freiburg am Ende einer längeren Frostperiode, während Satterly an dem oben erwähnten Platze weder während einer Periode strengen Frostes noch bei Schneebedeckung abnormal hohe Werte fand. Brandes (IV, 6), dessen Beobachtungen in Kiel keine Wintermonate umfassen, fand in 1 m Tiefe Schwankungen des Gehaltes an Radiumemanation nur im Verhältnis von 1:1,4. In einer Tiefe von 2 m und darüber machen sich nach ihm die meteorologischen Einflüsse überhaupt nicht mehr geltend. Der Emanationsgehalt bleibt konstant. Auch nimmt von der Oberfläche an bis zu der Tiefe von 2 m der Emanationsgehalt ständig zu, während er von hier ab bis 6 m Tiefe, weiter wurde noch nirgends gemessen, konstant bleibt. Man wird demnach auch an anderen Orten erwarten dürfen, daß in gewissen, nicht bedeutenden Tiefen der Boden mit Emanation ständig gleichmäßig gesättigt ist, doch wird der Betrag dieser Tiefe in den einzelnen Orten wohl verschieden sein. In Cambridge scheint nach den Messungen Satterlys in 240 cm Tiefe das Maximum noch nicht erreicht zu sein, wie aus der beifolgenden Tabelle, welche die mittleren Aktivitäten in willkürlichem Maße angibt, hervorgeht:

Tiefe	76	152	229 cm
Aktivität	24	38	60

Dabei schwanken ganz im Gegensatz zu dem, was in Kiel beobachtet wurde, noch in einer Tiefe von 152 cm die Aktivitäten im

Verhältnis von 1:8,5, und zwar in ganz unregelmäßiger Weise. An zwei Plätzen in der Nähe der Universität fiel das Maximum in den November, das Minimum in den Mai bzw. Juni, an einem anderen Platz, in der Nähe des neuen Museums, fiel dagegen das Minimum in den November und das Maximum in den Juli. An beiden Orten war die Oberfläche mit Gras bewachsen. Allerdings wurde auch in jedem Monat nur 1 bis 4 mal beobachtet.

Die Abhängigkeit der Radioaktivität der Bodenluft von geologischen Faktoren hat zuerst von dem Borne (IV, 7) zu bestimmen versucht. Da aber von ihm an jeder Stelle nur eine oder wenige Proben entnommen wurden aus Tiefen von $^1/_2$ bis 1 m, in denen der Boden also noch nicht mit Emanation gesättigt war, so können seine Zahlen nur einen ungefähren Anhaltspunkt für den Emanationsgehalt der Bodenluft an den betreffenden Orten geben. Immerhin lassen sich auch aus seinen Untersuchungen einige allgemeine Folgerungen ziehen.

Wanderungen der Emanation im Erdboden spielen nur eine untergeordnete Rolle; in der Regel entstammt die Emanation aus den dem Bohrloch unmittelbar benachbarten Gesteinspartien, es können also dort, wo verschiedenartige Gesteine zutage treten, an nicht weit voneinander entfernten Stellen ganz verschiedene Aktivitäten der Bodenluft beobachtet werden. Auch ist ein Schluß aus dem Emanationsgehalt der Bodenluft auf den Radiumgehalt des Gesteines selbst wegen des ganz verschiedenen Emanationsvermögens der Gesteine nicht zulässig. Luft aus Granit, dem Muttergestein der Urangänge des Erzgebirges, erwies sich als ebenso aktiv wie die Luft aus den Uranpecherzgängen selbst. Im allgemeinen geben Tone die Emanation am besten ab. Ist das Gestein stark aktiv, die Bodenluft aber schwach, so kann man annehmen, daß die Aktivität des Gesteines von Thorium herrührt, dessen Emanation so rasch zerfällt, daß sie in der Bodenluft nach ihrer Trennung vom Gestein nicht mehr nachweisbar ist.

Den höchsten Gehalt an Radiumemanation hat, abgesehen von der in Uranpecherzgängen stagnierenden Luft, die aus Erzgebirger Granit stammende Luft mit 2,3 millionstel Curie im Kubikmeter; nur $^1/_5$ dieses Gehaltes weist trotz des stärkeren Emanierungsvermögens wegen des schwächeren Radiumgehaltes dieses Gesteines die aus den Tonschiefern stammende Luft auf, den geringsten Emanationsgehalt, nur $^1/_{20}$ bis $^1/_{30}$ derjenigen der Granitluft, weist die aus den Bimssteinsanden am Laachersee stammende Bodenluft auf, wahrscheinlich weil in diesem lockeren Material die Emanation sich nicht aufspeichert, sondern rasch entweicht.

Bemerkenswert erscheint, daß im Erzgebirge der starke Emanationsgehalt der Bodenluft sich auch durch eine starke Ionisierung der freien Atmosphäre verrät. In der Regel aber läßt, wie schon aus dem verhältnismäßig geringen Emanationsgehalt der Luft in den Urangruben hervorgeht, die Aktivität der Bodenluft kaum einen Schluß auf den Radiumgehalt der betreffenden Gesteine zu, weil eben das Austreten der Emanation von zu vielerlei Faktoren abhängt. Wenn eine Durchnässung des Bodens durch Regen die Kapillaren der Oberflächenschicht verstopft und damit den Emanationsaustritt hindert, so befördert andererseits, wie Laboratoriumsversuche zeigen, Feuchtigkeit die Emanationsabgabe innerhalb des Gesteines. Füllt man eine Flasche mit Bodenproben und saugt nach einiger Zeit die entwickelte Emanation in ein Meßgefäß, so erhält man im allgemeinen nur $^1/_{10}$ der im Gestein wirklich vorhandenen Emanationsmenge, und zwar von feuchten Gesteinen etwas mehr als von trockenen. Ebenso gibt aber auch die Bodenerde im günstigsten Falle nur etwa $^1/_6$ derjenigen Emanationsmenge ab, die ihr nach ihrem Radiumgehalt zukommt.

Satterly hat den Emanationsgehalt der Bodenluft nach beiden Methoden untersucht: 1. indem er, wie angegeben, Röhren in den Boden trieb und von Zeit zu Zeit daraus eine abgemessene Luftmenge in das Meßgefäß saugte, und 2. indem er Bodenproben in Flaschen füllte und nach einer bestimmten Zeit die in der Flasche angesammelte Emanation in das Meßgefäß trieb. Nach der letzteren Methode fand er den stärksten Emanationsgehalt merkwürdigerweise im Kies, mit etwa 0,8 millionstel Curie im Kubikmeter Bodenluft, die Luft aus trockenem Kalk enthielt zehnmal, die aus nassem fünfmal weniger Emanation; Ton (Gaultformation) lieferte, in nassem Zustande wenigstens, Werte, die nicht viel hinter dem Kies zurückstanden. Die direkt aus dem lockeren Boden gesaugte Luft enthielt dagegen im Kubikmeter nur 0,2 millionstel Curie, die aus einer Kalkgrube stammende 0,07, während Joly in der Luft des ebenfalls kalkhaltigen Bodens in der Umgebung des Trinity College in Dublin wieder 0,2 millionstel Curie fand. Annähernd denselben Wert, nämlich 0,24 millionstel Curie Radiumemanation im Kubikmeter Bodenluft, fand Sanderson

(IV, 8) in der Umgebung von New Haven im Hofe der Yale-Universität in verwittertem Rotsandstein, der einen Teil einer Moräne bildet. Ebenfalls in Moräneschotter, der Molasse aufliegt, fand Gockel in Freiburg (Schweiz) im Maximum 0,28 millionstel Curie im Kubikmeter. Die geringsten Werte des Emanationsgehaltes mit nur ungefähr 0,01 millionstel Curie im Kubikmeter fand Kaehler (IV, 9) im Potsdamer Sandboden in $^3/_4$ m Tiefe. Der Wert dürfte etwas zu klein sein, weil die Meßmethode weniger dazu bestimmt war, die sich ansammelnde, als vielmehr die entweichende Emanationsmenge zu messen, immerhin spricht auch die geringe Leitfähigkeit der atmosphärischen Luft in Potsdam für den geringen Emanationsgehalt der Bodenluft daselbst.

Nach Satterly enthält die Bodenluft nur $^1/_{70}$ derjenigen Emanationsmenge, die mit dem im Boden vorhandenen Radium im Gleichgewicht ist. Der ganze Rest bleibt in den Körnchen des Gesteines selbst eingeschlossen.

Satterly hat auch die Frage untersucht, ob nicht durch das bei den Messungen vorgenommene Aussaugen von Bodenluft eine Verarmung des Bodens an Emanation eintritt. Es zeigte sich aber, daß die Radiumemanation aus der Umgebung rasch genug nachdiffundiert, so daß wenigstens bei einer Sauggeschwindigkeit von 0,5 Liter pro Minute auch noch nach fünfstündigem Aussaugen im Ionisierungsgefäß ein konstanter, durch die Radiumemanation unterhaltener Strom herrscht, dessen Stärke bei den Versuchen Satterlys $^5/_6$ des Wertes betrug, den man im Maximum erhielt, wenn man die Emanation sich ansammeln ließ. Man kann also auch, wie dieses Sanderson getan hat, den Gehalt der Bodenluft an Emanation in der Weise messen, daß man die Luft in konstantem Strom durch das Meßgefäß hindurchsaugt.

Notwendig wird dieses Verfahren, sobald man den Gehalt der Bodenluft an Thoriumemanation bestimmen will, wegen der kurzen Lebensdauer derselben (Halbwertszeit 53 Sekunden).

Die Geschwindigkeit des Luftstromes ergibt sowohl die Zeit, welche die Thoriumemanation braucht, um das Meßgefäß zu erreichen, und damit den unterwegs zersetzten Anteil als auch den Radius des kugelförmigen Bodenraumes, aus welchem noch Emanation in das Meßgefäß gelangen kann.

Sanderson fand, daß die Bodenluft in der Tiefe von 60 cm etwa 1600 mal mehr Radium- als Thoriumemanation enthält.

Satterly kam zu einem ähnlichen Resultat. In die atmosphärische Luft austreten kann natürlich nur ein kleiner Teil dieser Emanationsmenge, der weitaus größte Teil zerfällt schon während der Wanderung nach oben. Bei Anwendung längerer Röhren erhielt deshalb auch Satterly relativ größere Radiumemanationsmengen. Aus 420 cm Tiefe wurde sogar 2600 mal mehr Radium- als Thoriumemanation aufgesaugt. Im Kalk überwiegt die Radiumemanation stärker als im Sand.

Wie schon oben bemerkt, ist es nicht möglich anzugeben, welche Menge Thoriumsalz einer gegebenen Menge Emanation entspricht. Um aus seinen Emanationsmessungen wenigstens einen Schluß auf den Maximalgehalt des Bodens an Thorium ziehen zu können, mischte Sanderson inaktiven Seesand mit einer Lösung von Thoriumchlorid, da er mit Recht annehmen konnte, daß er aus der feinen Schicht Thoriumlösung, die sich hier über jedem Sandkörnchen bildete, das Maximum an Emanation erhalten werde. Der Vergleich der aus diesen Messungen erhaltenen Emanationsmenge mit der aus dem Boden aufgesaugten ergab, daß 1 cbm Erdreich in der Umgebung von New Haven in der Zeiteinheit eine Menge Thoriumemanation aussendet, die gleich derjenigen ist, die 1,35 g Thorium unter den angegebenen Verhältnissen in derselben Zeit erzeugen, und zwar gilt dieses für eine Schicht in etwa 1 m Tiefe. In der Nähe der Oberfläche ist der Thoriumgehalt des Bodens und damit auch der Emanationsgehalt der Bodenluft vielleicht wegen der Auslaugung des Bodens durch die atmosphärischen Niederschläge geringer.

Die Schwankungen des Gehaltes der Thoriumemanation mit den meteorologischen Faktoren sind nicht untersucht worden. Sie werden deshalb unbedeutend sein, weil bei der kurzen Lebensdauer der Thoriumemanation eine Ansammlung derselben im Boden nicht stattfinden kann, es muß vielmehr die jeweils vorhandene Menge der in der Zeiteinheit erzeugten proportional sein. Andererseits hängt aber das Emanationsvermögen der thoriumhaltigen Erde stark von dem Feuchtigkeitsgehalt des Bodens ab. Da in die Atmosphäre nur die in den obersten Bodenschichten erzeugte Thoriumemanation austreten kann — die in tieferen Schichten erzeugte zersetzt sich schon im Boden selbst — und der Feuchtigkeitszustand der obersten Schichten stark wechselt, so wird die aus dem Boden in einer gegebenen Zeit austretende Thoriumemanationsmenge starken Schwankungen unterworfen sein.

Sumpfgase sind von Satterly untersucht worden. Er fand in der Umgegend von Cambridge einen Gehalt von 3×10^{-10} Curie Radiumemanation im Liter Gas. Schlagwetter und brennbare Naturgase (Methan mit geringer Beimengung von Kohlensäure) enthalten nach von dem Borne bis zu 1×10^{-9} Curie Emanation im Liter, dieselbe stammt aus den die Kohle umgebenden Sandstein- und Tonschichten. Das aus den reinen Kohlenflözen sich entwickelnde Gas ist emanationsfrei. Einen Emanationsgehalt, der zum Teil an den der von von dem Borne untersuchten Schlagwetter heran reicht, zum Teil aber auch bedeutend geringer ist, weist nach McLennan das an der Südküste des Ontariosees entspringende brennbare Naturgas auf.

Die Aktivität der im Rheinlande (Burgbrohl) aus Mofetten ausströmenden Kohlensäure haben schon Elster und Geitel in ihren ersten Arbeiten nachgewiesen. Da die Kohlensäure meistenteils mit Wasser zusammen ausströmt, so wird später bei der Besprechung der Quellgase von ihr die Rede sein.

Quantitative Bestimmungen des Emanationsgehaltes vulkanischer Exhalationen im engeren Sinne liegen schon wegen der Schwierigkeit, solche vor der Vermischung mit atmosphärischer Luft zu erhalten, wenig vor; Bellia (IV, 10) hat Radiumemanation in den Kratergasen des Ätna nachgewiesen.

Ausgedehnte Messungen der aus dem Boden innerhalb einer bestimmten Zeit austretenden Emanationsmenge hat, wie bereits erwähnt, auf Veranlassung von Ebert Endrös in München und seiner Umgebung angestellt, und zwar kommen bei der oben geschilderten Anordnung von Endrös zur Wirkung: die austretende Radiumemanation nebst ihren Zerfallsprodukten, ein kleiner Teil der Thoriumemanation, dagegen wahrscheinlich sämtliche Zerfallsprodukte, die sich aus der ausgetretenen Thoriumemanation bilden. Dieselben schlagen sich nämlich in dem starken elektrischen Felde, das die Meßanordnung bildet, auf der negativen Elektrode nieder. Angesichts des langsamen Zerfalls der Radiumemanation und des raschen der Abkömmlinge kann man annehmen, daß zwischen der Emanation und ihren kurzlebigen Zerfallsprodukten Gleichgewicht existierte, dagegen ist dieses bei den Zerfallsprodukten des Thoriums, von denen Thorium A eine Halbwertsperiode von 10,6 Stunden gegen 53 Sekunden der Emanation hat, nicht der Fall. Durch die Langlebigkeit der Zerfallsprodukte werden die Wirkungen der Schwankung des Austretens der Thoriumemanation einigermaßen kompensiert, trotzdem schwankt die Gesamtwirkung der austretenden Produkte je nach der Wetterlage im Verhältnis von 1 : 40. Im Mittel unterhält ein Kubikmeter austretende Bodenluft einen Sättigungsstrom von 0,1 elektrostatischen Einheiten, was einem Gehalt von 0,016 millionstel Curie entsprechen würde, wenn Radiumemanation nebst den kurzlebigen Zerfallsprodukten allein die Ursache des Stromes wäre. Es läßt sich aber zurzeit noch nicht feststellen, wie groß in der unmittelbarsten Nähe des Bodens der Anteil der Thoriumprodukte an der Ionisation der Luft ist.

Ungewöhnlich stark ist das Austreten von Emanation beim Einsetzen von Gewitterböen, aber auch schon der aufsteigende Luftstrom, der zur Bildung der gewöhnlichen Kumuluswolken führt, befördert das Austreten von Emanation ebenso wie starker Wind. Dieses Resultat wurde auch bestätigt durch Messungen von Joly und Smith (IV, 11) in Dublin. Die beiden Forscher saugten langsam durch ein mit Kokosnußkohle gefülltes Rohr die Luft ab, die sich in einem über den Boden gestülpten Blechgefäß ansammelte. Die in der Kokosnußkohle absorbierte Radiumemanation wurde dann in der üblichen Weise gemessen. Auch Regen und Frost verstopfen, wie schon oben bemerkt, die Erdkapillaren und verhindern das Austreten der Emanation. Nicht von heftigem Wind begleitete Luftdruckschwankungen scheinen, wie auch Brandes fand, keinen Einfluß zu haben. Pro Quadratmeter und Stunde treten nach den genannten Autoren 0,8 bis 4×10^{-9} g Curie Emanation aus dem Boden aus.

Nach Endrös zeigt das Austreten der Emanation aus dem Erdboden einen regelmäßigen täglichen Gang mit doppelter täglicher Periode. Das erste Maximum tritt nach Sonnenaufgang auf, das zweite nach Sonnenuntergang. Das Nachtminimum fällt auf die Zeit kurz vor Sonnenaufgang, das Tagesminimum in die Nachmittagsstunden. Es ist bemerkenswert, daß die Intensität des elektrischen Erdfeldes einen fast gleichen täglichen Gang aufweist.

Im jährlichen Gang fand Endrös ein Ansteigen der austretenden Emanationsmenge von Dezember bis August und dann wieder ein Fallen, während Smyth in Dublin keine ausgeprägte jährliche Periode gefunden hat, was mit dem gleichmäßigen Seeklima daselbst zusammenhängen mag. Kähler, der in Potsdam den Emanationsgehalt in einer 1,5 m tiefen und 0,45 m im Durchmesser haltenden Grube maß, fand den größten Emanationsgehalt im Sommer, den geringsten im Winter, was offenbar davon herrührt, daß im Sommer der Austritt der Bodenluft in die oben offene Grube erleichtert, im Winter dagegen durch die Verstopfung der Kapillaren erschwert ist. Die starke, den Austritt der Emanation fördernde Wirkung der Sonnenstrahlung ergibt sich auch aus den Beobachtungen von Kähler, der Einfluß der Luftdruckschwankungen scheint in Potsdam dagegen gering zu sein.

Joly und Smyth haben neben der Menge der austretenden Radiumemanation auch den Emanationsgehalt in 50 cm Tiefe gemessen. Im allgemeinen, aber nicht immer, verhalten sich die Kurven, welche den zeitlichen Verlauf der beiden Größen darstellen, spiegelbildlich zueinander. Besonders deutlich tritt der Einfluß des Windes hervor, der durch seine saugende Wirkung auf die in den Erdkapillaren enthaltene Bodenluft den Austritt der Emanation befördert, den Emanationsgehalt also verringert. Wenn zeitweise die beiden Kurven in demselben Sinne verlaufen, d. h. eine Zunahme des Austretens der Emanation mit einer Zunahme des Gehaltes zusammenfällt, so mag sich dieses durch den nicht zu beseitigenden Umstand erklären, daß die Meßvorrichtung die natürlichen Verhältnisse stört. So wird gefrorener Boden natürlich durch das feste Einsetzen des Sammelgefäßes aufgebrochen, und es ist auch denkbar, daß unter dem Sammelgefäß Emanation gerade dann lebhafter entweicht, wenn sie in der Umgebung keinen Ausgang findet.

Der Verfasser ist zurzeit mit weiteren Studien speziell des noch unbekannten Einflusses einer Schneedecke auf den Emanationsaustritt beschäftigt.

Die austretende Emanation wird in der atmosphärischen Luft vorzugsweise wohl durch die Wirkung der Luftbewegung rasch zerstreut. Auch in der Nähe des Bodens ist der Emanationsgehalt der atmosphärischen Luft viel, in Cambridge z. B. 2500 mal geringer als der der Bodenluft.

Was die austretende Thoriumemanationsmenge betrifft, so hat Blanc wie früher schon erwähnt, festgestellt, daß die Menge eine solche ist, wie sie das Erdreich aussenden würde, wenn die obersten Schichten im Gramm Bodenmaterial 0,000 014 5 g Thorium in der Form von Hydroxyd, der am stärksten emanierenden Verbindung des Thoriums enthielten. Da die direkten Messungen der austretenden Emanationsmenge wegen ihrer kurzen Lebensdauer kaum möglich sind, verfuhr Blanc so, daß er innerhalb einer auf den Boden gestülpten unten offenen Glocke einen negativ geladenen Draht aufhing. Auf ihm sammelten sich die Zersetzungsprodukte der Emanation, die Thoriuminduktionen an, deren Menge dann durch Einbringung des Drahtes in den Meßraum eines Elektrometers bestimmt werden konnte. Längere Messungsreihen, welche den Einfluß der meteorologischen Elemente erkennen ließen, liegen nicht vor.

Schließlich verdient auch noch die Radioaktivität der in Höhlen eingeschlossenen Luft hier eine Besprechung. Daß die Höhlenluft eine größere Leitfähigkeit zeigt als die atmosphärische, haben, wie bereits erwähnt, Elster und Geitel schon in ihren ersten Veröffentlichungen gezeigt. Zum Teil kann diese erhöhte Ionisation auf Rechnung der im nächsten Abschnitt zu besprechenden Strahlung der Höhlenwände gesetzt werden, zum größten Teil aber rührt sie von dem Emanationsgehalt der eingeschlossenen Luft her. Wenn nun auch schon von verschiedenen Seiten festgestellt wurde, daß in manchen Höhlen sich auch ein höherer Gehalt an Emanation oder den Zerfallsprodukten derselben findet, so fehlen doch vergleichende Bestimmungen noch vollständig. Dieselben müßten nach den Methoden vorgenommen werden, nach denen man den absoluten Gehalt der Atmosphäre an Radiumemanation und Radium- und Thoriuminduktionen bestimmte, deren Besprechung außerhalb des Rahmens dieser Schrift liegt. Die Literatur findet man in den neuesten Arbeiten von Kohlrausch (IV, 12) und Wright und Smith (IV, 13), ferner bei Gockel, Die Luftelektrizität, Leipzig 1908, und Mache und v. Schweidler, Die atmosphärische Elektrizität, Braunschweig 1909, angegeben. Daß große Unterschiede im Emanationsgehalt zu erwarten sind, zeigt, daß Weidig (VI, 12) in einem Schacht des Schneeberger Kobaltfeldes im Erzgebirge die Ionisation der Grubenluft etwa 430 mal größer fand als in der freien Atmosphäre. Beabsichtigt wird, die emanationsreiche Luft solcher Stollen in über Tag errichtete Inhalatorien einzuführen.

V. Die vom Boden ausgehende Strahlung.

In einem Gefäß eingeschlossene Luft behält ihre Leitfähigkeit bei, obgleich die in der Atmosphäre enthaltene Radiumemanation, welche man als Hauptquelle der Ionisierung der Luft anzusehen gewohnt ist, nach einigen Wochen vollständig zerfallen ist, und ebenso auch die anfangs vorhandenen radioaktiven Induktionen sich in ein nicht strahlendes Produkt umgewandelt haben. Die Ionisierung verringert sich wesentlich, wenn man das Gefäß mit Bleischirmen oder mit Wasser umgibt. Ein Teil der Ionisation muß also herrühren von einer Strahlung, die zwar die Gefäßwände durchdringen kann, aber in Bleischirmen von mehreren Zentimetern oder Wasserschichten von mehreren Dezimetern Dicke schon zum großen Teil absorbiert wird. Ionisierende Wirkung kommt den ultravioletten Lichtstrahlen, den Kathoden- und Röntgenstrahlen und den von radioaktiven Substanzen ausgehenden Strahlen zu. Von allen diesen sind aber nur die γ-Strahlen der radioaktiven Stoffe imstande, Metallwände von einigen Millimetern Dicke zu durchsetzen. Während Röntgenstrahlen schon durch dünne Metallbleche vollständig zurückgehalten werden, üben die γ-Strahlen selbst nach dem Durchsetzen von 30 cm dicken Eisenplatten noch eine nachweisbare ionisierende Wirkung aus.

Als Ursache dieser Strahlung an der Erdoberfläche kommen in Betracht: 1. die in dem Boden überall in mehr oder minder kleinen Mengen enthaltenen radioaktiven Stoffe; 2. die in der Atmosphäre enthaltenen Zersetzungsprodukte der Emanationen radioaktiver Stoffe, und 3. eine eventuell sehr durchdringende Strahlung kosmischer Natur, wobei in erster Linie an die Sonne zu denken ist. Daß die hier in Rede stehende Strahlung in der Nacht nicht wesentlich schwächer ist als am Tage, spricht nicht gegen diese Hypothese, da ja die betreffenden Strahlen, ebenso wie die Polarlichtstrahlen, im magnetischen Felde der Erde abgelenkt werden können.

P. Th. Wulf[1]) kam auf Grund zahlreicher Experimente zu der Ansicht, daß die genannte Strahlung fast ausschließlich von den in den obersten Schichten der Erde enthaltenen radioaktiven Stoffen herrührt. Daß zum mindesten ein großer Teil der durchdringenden Strahlung vom Boden ausgeht, zeigt schon der Umstand, daß die Ionisierung in einem geschlossenen Gefäß abnimmt, wenn dasselbe über Wasser gebracht wird, und zwar werden dann etwa in der Sekunde drei Ionen pro Kubikzentimeter weniger erzeugt. Fraglich könnte dabei bleiben, ob die Strahlung wirklich, wie Wulf annimmt, von den im Boden enthaltenen radioaktiven Stoffen herrührt, oder ob sie, wie von anderer Seite vermutet wurde, sozusagen nur eine Reflexion einer von oben kommenden Strahlung ist, d. h. ob die Strahlen Sekundärstrahlen sind, welche die von oben kommende Strahlung im Boden erzeugt.

Daß eine solche von oben kommende Strahlung vorhanden ist, beweisen die Beobachtungen von Gockel, Hess, Kolhörster, welche fanden, daß in der freien Atmosphäre diese Strahlung selbst in Höhen von 6000 m keine Abnahme sondern Zunahme zeigt. Auf die Streitfrage nach dem Ursprung dieser Strahlung kann hier nicht eingegangen werden, ich verweise auf die zusammenfassenden Darstellungen von Gockel (V, 1), Braun (V, 2) und Chauveau (V, 3). Für uns kommt hier ausschließlich der vom Boden kommende Anteil der Strahlung in Betracht, mag derselbe nun von den dort enthaltenen radioaktiven Stoffen herrühren oder durch die von oben kommende Strahlung hervorgerufen werden. Daß von den in den Gesteinen enthaltenen Stoffen eine durchdringende Strahlung ausgeht, beweisen schon Versuche im Zimmer. Die Strahlung ist infolge der Aktivität der Baumaterialien in geschlossenen Räumen im allgemeinen größer als im Freien. Wulf fand die stärkste Strahlung in einem aus vulkanischem Tuff von Maria Laach errichteten Gebäude. In holländischen und belgischen Backsteinbauten war die Strahlung um so schwächer, je älter das Gebäude war.

Sehr gering ist nach Beobachtungen von Gockel die von Betonwänden ausgehende Strahlung. Von geologischem Interesse sind die Beobachtungen in Höhlen, in denen sich natürlich die von den Wänden ausgehende Strahlung in gleicher Weise be-

---

[1]) Th. Wulf, Phys. Zeitschr. **10**, 997 (1909).

merkbar machen muß wie in Gebäuden. Daß überhaupt in tiefen Höhlen noch eine Strahlung vorhanden ist, beweist, daß eine solche vom Gestein unabhängig von einer äußeren Strahlung ausgehen muß.

Wulf (V, 4) hat für einschlägige Untersuchungen einen leicht transportabeln Apparat konstruiert, den die Fig. 5 zeigt. Derselbe stellt ein Quarzfadenelektrometer von sehr geringer Kapazität

Fig. 5.

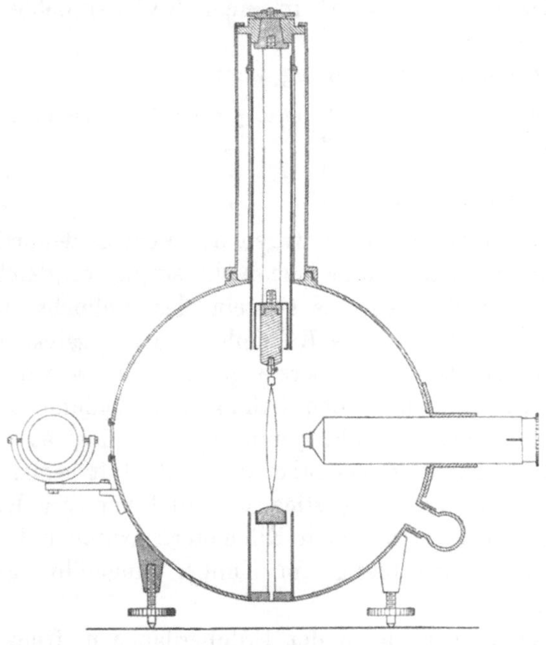

Strahlungsapparat von Günther und Tegetmeyer.

(etwa 1 cm) dar. Der Abstand zweier Quarzfäden, der mit der Ladung steigt, wird mittelst eines Mikroskopes abgelesen. Da in dem Gehäuse Sättigungsstrom herrscht, so ist der Ladungsverlust proportional der Ionisierung, also auch der Strahlung, die sich zusammensetzt aus der von außen kommenden und der Strahlung der Wände. Das Gehäuse ist luftdicht verschlossen. Das oben aufgesetzte Vertikalrohr kann über das Fadensystem herabgelassen werden. Es ist dann das System nur noch von wenigen Kubikzentimetern Luft umgeben, und die jetzt noch erfolgende Abnahme der Ladung ist auf Rechnung des Verlustes über die isolierende Stütze zu setzen. In der Regel kann der Isolationsverlust vollständig vernachlässigt werden.

In belgischen Kalksteinhöhlen, Barytgruben und Kohlenbergwerken fand Wulf die Strahlung geringer als über der Erdoberfläche, ein Beweis, daß das Material, welches diese Höhlen bildet, selbst keine oder nur eine geringe Strahlung aussendet, dagegen die von oben kommende Strahlung abschirmt. Zu demselben Resultat kamen Elster und Geitel in dem Salzbergwerk Vienenburg am Harz und Gockel in einer Kalksteinhöhle (Hölloch) im Kanton Schwyz.

Die Strahlungsverminderung war:

In der belgischen Kalkgrube .	9	Ionen pro Kubikzentimeter und Sekunde,
in dem Salzbergwerk	8	„ „ „ „ „
in Hölloch	3	„ „ „ „ „
im Kohlenbergwerk	0,7	„ „ „ „ „

Wenn auch diese Zahlen wegen der Verschiedenartigkeit der angewandten Apparate unter sich nicht streng vergleichbar sind, so zeigen sie doch, daß das Gestein des Höllochs und merkwürdigerweise auch das des Kohlenbergwerkes selbst noch eine Strahlung aussandte. In letzterem geschah dieses wahrscheinlich von dem zwischen den Kohlen befindlichen Schiefer und Tonen. Im Granitgebiet des Lötschbergtunnels wurde dagegen eine starke Zunahme der Strahlung gegenüber der Außenluft beobachtet. Die sekundliche Ionenerzeugung stieg um 20 Ionen pro Kubikzentimeter, während in den ersten Kilometern zwischen Kalken und Tonschiefern die Strahlung im Tunnel ungefähr gleich der äußeren war.

Natürlich muß auch an der Erdoberfläche in freier Luft die Strahlung vom Untergrund abhängen. Sie wird voraussichtlich in Schluchten wo die Bodenstrahlung auch von den Seiten her kommen kann größer sein als auf einer Ebene. So fand der Verfasser auf dem von Bergen umgebenen Lünersee (Vorarlberg) die Strahlung um eine sekundliche Erzeugung von 8 Ionen/ccm höher als in dem weiteren Brandnertal. Auf Granitboden dürfte die Strahlung voraussichtlich größer sein als auf Kalk. Leider liegen bis jetzt vergleichende Messungen in dieser Hinsicht nur ganz vereinzelt vor.

Die Messungen werden erschwert durch den Umstand, daß die Wände des Elektrometers selbst eine Strahlung aussenden, die, wie es scheint, aus noch unbekannten Gründen nicht ganz konstant ist. Versenkt man einen wasserdicht verschlossenen Apparat in einen See bis zu einer Tiefe von etwa 3 m, so daß er auch noch mindestens ebensoviel vom Seeboden absteht, so kann man annehmen, daß nun jede von außen kommende Strahlung abgeschirmt ist, und die noch verbleibende Ionisation auf Rechnung der Strahlung der Gefäßwände kommt. Das Wasser selbst hat sich bis jetzt bei allen Versuchen so gut wie inaktiv erwiesen. Die Größe der Außenstrahlung an einem beliebigen Orte wäre dann gleich der Differenz der dort und im Wasser erhaltenen Werte. Wegen der möglichen Inkonstanz der Strahlung der Gefäßwände ist es nötig, den Versuch im Wasser von Zeit zu Zeit zu wiederholen. Das wird an vielen Orten nicht möglich sein. Da aber von der Oberfläche des Wassers offenbar keine Strahlung ausgeht, so erhält man die vom Boden ausgehende Strahlung auch aus der Differenz der auf festem Boden und über einem See in einem Boot oder auf einem Holzsteg beobachteten Werte. Die nur wenige Meter vom Lande erhaltenen Werte weichen von den in der Mitte eines Sees beobachteten nicht wesentlich ab. Ferner kann man zur Bestimmung der Eigenstrahlung den Apparat durch Umgeben mit Eisblöcken gegen die äußere Strahlung schützen. Wo alle diese Mittel nicht anwendbar sind, wird man die Ionisation des Apparates möglichst häufig in einem geschlossenen Zimmer untersuchen, dessen Wände aus möglichst wenig aktivem Material bestehen. Ein Holzhaus würde sich hierfür vielleicht am besten eignen.

Um die Intensität der Strahlung für einen bestimmten Ort genau zu messen, wird man die Versuche über einen längeren Zeitraum ausdehnen müssen, doch scheint nach den Versuchen des Verfassers die Strahlung für ein und denselben Ort viel konstanter und von den meteorologischen Verhältnissen unabhängiger zu sein, als man bis jetzt angenommen hat.

Messungen der durchdringenden Strahlung an verschiedenen Orten wären um so erwünschter, als es scheint, daß die Ionisation der freien Atmosphäre, also ein wesentlicher klimatischer Faktor, zum großen Teil durch die vom Boden ausgehende durchdringende Strahlung verursacht ist. Ferner muß diese Strahlung nach Analogie der γ-Strahlung der radioaktiven Stoffe, mit der sie, soweit sie vom Boden ausgeht, identisch ist, auch auf den menschlichen

Körper direkt einwirken, bietet also auch für den Arzt Interesse. Die Intensität der vom Boden allein ausgehenden Strahlung wird sich, wenn wir die Intensität der aus der Höhe kommenden als konstant annehmen, am einfachsten ergeben als Differenz der aus dem Boden und der über einer Seefläche beobachteten Strahlung. Diese Differenz wurde von verschiedenen Beobachtern zu 3 bis 6 Ionen pro Kubikzentimeter und Sekunde gefunden. Nun ergibt sich aus den von Rutherford ausgeführten Rechnungen, daß eine Strahlung, welche 3 Ionen pro Kubikzentimeter und Sekunde erzeugt, von den obersten Erdschichten ausgehen muß, wenn dieselben einen mittleren Gehalt von 3×10^{-12} g Radium im Gramm Substanz enthalten. Diese Zahl stimmt mit der wirklich beobachteten gut überein und der über die Erzeugung von 3 Ionen herausgehende Teil der Strahlung wäre dann auf die Rechnung der Strahlung des in der Erdkruste enthaltenen Thoriums zu setzen. In Anbetracht dessen, daß die in die Rechnung eingehenden Konstanten, besonders die durch die Strahlung eines Gramms Radium erzeugte Ionenmenge noch nicht mit hinreichender Sicherheit bekannt sind, darf man auf die gute Übereinstimmung zwischen Rechnung und Beobachtung auch keinen allzu großen Wert legen.

VI. Die Radioaktivität der Quellen.

1. Allgemeines.

Da die Bodenluft Emanation enthält und diese wie alle Gase im Wasser löslich ist, so muß sich auch in dem im Boden zirkulierenden Wasser Emanation finden. Noch bevor die Kenntnis von dem Emanationsgehalt der Bodenluft so weit entwickelt war, daß man diese Folgerung ziehen konnte, fanden A. Sella und I. Pocchetino einerseits und J. J. Thomson andererseits fast gleichzeitig unabhängig voneinander, daß Luft die durch frisch einem Brunnen oder einer Leitung entnommenes Wasser hindurchgeperlt war, eine erhöhte Leitfähigkeit besaß und diese auch einige Zeit beibehielt. Die Erklärung fanden ebenfalls unabhängig voneinander E. Adam und F. Himstedt. Beide zeigten, daß das Wasser Spuren einer radioaktiven Emanation enthielt, die durch Auskochen ausgetrieben werden konnte. Himstedt konnte auch den Kondensationspunkt der Emanation bestimmen und fand denselben identisch mit dem der Radiumemanation bei — 150°, auch die Abklingungsgeschwindigkeit der im Wasser enthaltenen Emanation war gleich derjenigen der Radiumemanation. Dieselbe Emanation fand Himstedt in elsässischem Rohpetroleum. v. Traubenberg konnte dann weiter im Himstedtschen Laboratorium den Nachweis führen, daß die Emanation dem Henryschen Gesetz folgt, d. h. daß der gelöste Anteil proportional dem von der Emanation ausgeübten Gasdruck ist, daß ferner die Löslichkeit mit steigender Temperatur abnimmt. Ein weiteres Resultat der v. Traubenbergschen Untersuchungen war die Erkenntnis, daß Kohlenwasserstoffe wie Petroleum für Radiumemanation ein ungefähr 20 mal größeres Absorptionsvermögen besitzen als Wasser. Bringen wir ein Volumen V_2 einer Flüssigkeit etwa durch Umschütteln in innige Berührung mit dem Volumen V_1 von Luft, so wird sich eine vorhandene Emanationsmenge so zwischen der Luft und dem Wasser verteilen, daß

$$\frac{E_1}{E_2} = a \times \frac{V_1}{V_2},$$

wo E_1 die in der Luft, E_2 die in der Flüssigkeit verbleibende Emanationsmenge und α den Absorptionskoeffizienten bedeutet. Für Wasser von Zimmertemperatur ist a ungefähr 0,23.

Die Himstedtschen Untersuchungen dehnten sich auf Wasser von frei fließenden Bächen, auf frisch herauf geholtes Grundwasser, auf das von Quellen aus Gneis, Kalk, dem vulkanischen Gestein des Kaiserstuhls und das einiger Thermalquellen aus. Unter den letzteren wurde am aktivsten gefunden das Wasser der Murquelle in Baden-Baden; vollständig inaktiv war kein direkt aus dem Boden kommendes Wasser, wohl aber das der frei fließenden Bäche und Flüsse. Die Erklärung für die letztere Beobachtung liegt auf der Hand. Die Emanation wird von dem Wasser beim Hindurchdringen durch den Boden aufgenommen. Vom Austreten bei der Quelle an, wird keine Emanation mehr aufgenommen, dagegen zersetzt sich dieselbe, und vor allem sie wird bei Berührung mit der Luft an dieselbe abgegeben.

Nach den obigen Ausführungen verteilt sich eine ursprünglich im Wasser vorhandene Emanationsmenge bei der Berührung des Wassers mit der Luft zwischen dieser und dem Wasser in dem Verhältnis der Volumina. Da nun die Luftmenge, die mit einer gegebenen Wassermenge auf ihrem Laufe von der Quelle an in Berührung kommt, in nicht allzu großer Entfernung von der Quelle unendlich groß geworden ist gegenüber der Wassermenge, so kann in dieser nur eine unendlich kleine Emanationsmenge zurückbleiben. Größer kann der Emanationsgehalt in stehenden Gewässern sein, die mit der Luft wenig in Berührung kommen.

Die Wahrnehmung, daß gerade das Wasser von bekannten Thermalquellen stark radioaktiv ist, brachte Himstedt auf den Gedanken, es könne die Heilkraft dieses Wassers auf seinen Emanationsgehalt zurückzuführen sein. Da die Radiumemanation schon in wenigen Wochen praktisch vollständig zerfallen ist, würde sich durch die Himstedtsche Annahme die wenigstens vielfach behauptete Tatsache erklären, daß zum Versand kommendes Wasser nicht die Heilkraft des an der Quelle gebrauchten hat.

Ziemlich gleichzeitig mit Himstedt fand auch Burton, daß das Petroleum einer tiefen Quelle in Kanada beträchtliche Mengen Radiumemanation enthielt, und ebenso entdeckten Allen und Strutt den Emanationsgehalt heißer Quellen von Bath. In der

Folge wurden nun wohl sämtliche Heilquellen Europas und auch vieler anderer Länder auf ihren Emanationsgehalt untersucht. Es ergab sich, daß nicht nur die Thermalquellen, sondern auch kalte Quellen beträchtliche Emanationsmengen enthalten. Als die reichsten erwiesen sich zunächst die, welche schon längst als heilkräftig bekannt waren, wie die Quellen von Baden-Baden, Gastein, Plombières. Geologisch von größtem Interesse sind systematische Untersuchungen sämtlicher Quellen eines Gebietes. Solche liegen bis jetzt vor aus Hessen, Sachsen, Tirol und Oberösterreich. Daß solchen Untersuchungen aber auch praktischer Wert zukommt, zeigt die Entdeckung der weitaus emanationsreichsten Quellen, der von Brambach, die gelegentlich dieser Untersuchungen gemacht wurde.

Die große Mehrzahl der zu erwähnenden Quellen enthält nur Radiumemanation, die das Wasser bei seinem Laufe durch den Boden aufgenommen hat. Nur in wenigen Fällen, so z. B. durch Dorn in Karlsbad und Gockel in den heißen Quellen des Simplontunnels wurde im Wasser ein sehr geringer Gehalt an Radiumsalz nachgewiesen, der sich dadurch verrät, daß der Emanationsgehalt nach dem Verschwinden der nur mitgerissenen Emanation konstant bleibt, während er in radiumfreien Wassern nach dem bekannten Gesetz abklingt.

An das Mitnehmen von Thoriumemanation aus dem Boden durch Wasser ist bei der kurzen Lebensdauer dieser Emanation, die nur nach Minuten zählt, nicht zu denken, wohl aber können sich die langlebigeren Zersetzungsprodukte, also in erster Linie Thorium A, mit einer Halbwertsperiode von 10,6 Stunden im Wasser finden. Man kann dasselbe nachweisen, wenn man das Wasser in einem kleinen Kessel eindampft und diesen dann selbst als Ionisierungskammer benutzt. Auf diese Weise konnte Gockel das Vorhandensein von Thorium in den heißen Quellen des Simplontunnels nachweisen. Ebenso kann, wie wir sehen werden, auch Radiothor, aus dem sich Thoremanation auf dem Wege über Thor immer wieder neu bildet, im Wasser gelöst sein. Ferner wäre noch zu erwähnen, daß eine Reihe emanationshaltiger Quellwasser, z. B. das von Bath, auch beträchtliche Mengen Helium enthalten. Daß letzteres Gas ein Zerfallsprodukt der vorhandenen Emanation ist, liegt auf der Hand. Daß eine Reihe von Mineralquellen, so die von Moureu (VI, 1) untersuchten französischen

Quellen, daneben auch reichlich Stickstoff, Argon etwas Neon und Spuren von Krypton und Methan enthalten, erklärt sich daraus, daß nach den Untersuchungen von Strutt (VI, 11) diese Gase im Gestein eingeschlossen sind, also bei der Zersetzung des Gesteins frei gemacht werden. Nach den Untersuchungen von Sieveking und Lautenschläger (VI, 12) an badischen Thermalquellen besteht aber zwischen Emanations- und Heliumgehalt kein Zusammenhang, was sich leicht dadurch erklärt, daß Wasser und Quellgas innerhalb des Bodens mit den verschiedenartigsten Gesteinen und Gasen in Berührung kommen.

Ein großer Teil der emanationshaltigen Quellen sind Säuerlinge. Wenn nun auch das Vorhandensein von Kohlensäure auf ein Eindringen von Gas aus größeren Tiefen oder lebhafte Zersetzung des Gesteins hindeutet, so vermindert andererseits das Aufsprudeln von Gas auch den Emanationsgehalt dadurch, daß das entweichende Gas das Wasser in lebhafte Berührung mit der atmosphärischen Luft bringt und so die Emanation mit auswäscht. In gasreichen Quellen findet sich der größte Teil der Emanation in den Quellgasen. In gasarmen Quellen wird das durch das Henrysche Gesetz bedingte Gleichgewicht zwischen dem Emanationsgehalt von Wasser und Gas vorhanden sein, d. h. im Liter Gasraum wird sich bei 20° C etwa viermal mehr Emanation finden als im gleichen Volumen Wasser. In gasreichen Quellen gelingt es dem Gas, das offenbar, bevor es mit dem Wasser in Berührung kam, frei von Emanation war, während des raschen Durchströmens durch das Wasser nicht, sich mit dem Emanationsgehalt desselben ins Gleichgewicht zu setzen. Es bleibt, sofern nicht eine Durchmischung mit atmosphärischer Luft eintritt, ein verhältnismäßig zu großer Teil der Emanation im Wasser. Im Franzensbader Sprudel beträgt bei 10° C das Verhältnis des Emanationsgehaltes von Wasser zu Gas sogar 1,60, im Marienbader Kreuzbrunnen von 7,5° noch 0,51; in der gasarmen Gasteiner Elisabethquelle von 46,1° dagegen nur 0,18. Auch Chaspoul et Beaujeu (VI, 24) fanden bei einer Gruppe von Quellen in Vals-les-Bains, daß die Aktivität des Wassers mit dem Kohlensäuregehalt der Quelle zunimmt. Wenn je nach der Ergiebigkeit der Quelle der Wasserstand im Brunnen starken Schwankungen unterworfen ist, ändert sich auch die Heftigkeit des Aufstoßens der Gase und damit der Emanationsverlust. In den gasreichen Quellen von Baden (Schweiz), deren Ergiebigkeit unabhängig von der Jahreszeit immer konstant bleibt, konnte dagegen auch kein Wechsel im Emanationsgehalt beobachtet werden.

Bei der Bewertung des Emanationsgehaltes einer Quelle ist natürlich auch die Ergiebigkeit in Rechnung zu ziehen. So macht z. B. Schmidt (VI, 15) darauf aufmerksam, daß eine der stärksten Joachimsthaler Quellen wohl einen 120 mal größeren Emanationsgehalt besitzt als die Kreuznacher Oranienquelle, dafür eine 135 mal kleinere Ergiebigkeit, so daß in gleicher Zeit von jeder Quelle ungefähr gleich viel Emanation geliefert wird. Dieser Umstand wird besonders dort in Betracht zu ziehen sein, wo neben der zu Trinkkuren gebrauchten Emanation auch die Wirkung der in der Atmosphäre sich verteilenden eine wahrscheinlich auch von seiten des Arztes nicht zu vernachlässigende Rolle spielt. Daß in den inneren Räumen der Badegebäude und auch im Freien in der weiteren Umgebung emanationsführender Quellen die Luft eine erhöhte Ionisation aufweist, ist von verschiedenen Seiten festgestellt worden.

Die in einem Quellwasser gelösten Radiummengen sind, wenn sich überhaupt solche nachweisen lassen, so unbedeutend, daß nur ein kleiner Teil der mit der Quelle zutage tretenden Emanation von diesen stammen kann. So beträgt der Emanationsgehalt der Gasteiner Lainer- und Chirurgenquelle nach Kolhörster (IV, 17) 52, die Restaktivität, d. h. also die von dem gelösten Salz herstammende, konstant bleibende 0,052 ME, was einem Radiumgehalt von $1{,}9 \times 10^{-11}$ g im Liter entsprechen würde. Die Restaktivität des Karlsbader Sprudels ist nur 0,27, die der Sprudellauge 10,5 ME, das letztere entsprechend einem Gehalt von $3{,}9 \times 10^{-10}$ g im Liter Wasser. Bei einer Kreuznacher Quelle kommt dagegen nach Kurz und Schmidt (VI, 18) der 20. Teil der vorhandenen Emanation auf Rechnung des gelösten Salzes.

In dem in der Mündung der Quelle sich bildenden Schlammabsatz reichern sich die schwer löslichen Radiumsalze an. Diese Quellabsätze sind daher teilweise stark aktiv. Näheres darüber im 3. Abschnitt.

2. Die Messung des Emanationsgehaltes von Quellen.

Die Bestimmung des Emanationsgehaltes von Quellwasser kann nach der im Kapitel VIII. beschriebenen Methode der Messung des Emanationsgehaltes von Lösungen erfolgen. Zu beachten ist nach dem oben Angeführten, daß bei der Berührung des Wassers mit Luft ein Teil der Emanation in diese übergeht. Man muß also bei der Einfüllung des Wassers in das Untersuchungsgefäß dafür sorgen, daß eine solche Berührung möglichst vermieden wird. Die Entnahme des Wassers geschieht am besten in der Weise, daß man das zu füllende Gefäß unter Wasser bringt. Um Wasser aus einer tief liegenden Quelle zu entnehmen, bedient man sich nach einem Vorschlage von Weszelszky (VI, 2) am besten eines Gefäßes von der beistehend (Fig. 6) gezeichneten Form, in dem man mit Hilfe einer Wasserluftpumpe einen luftverdünnten Raum herstellt. Das mittlere lange

Fig. 6.

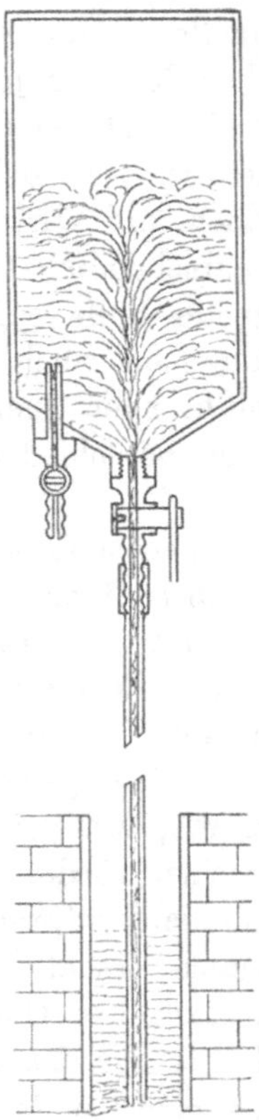

Fig. 6 a.

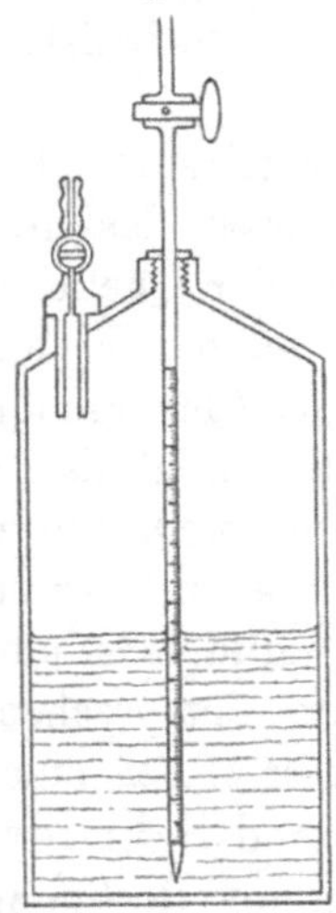

Fig. 7.

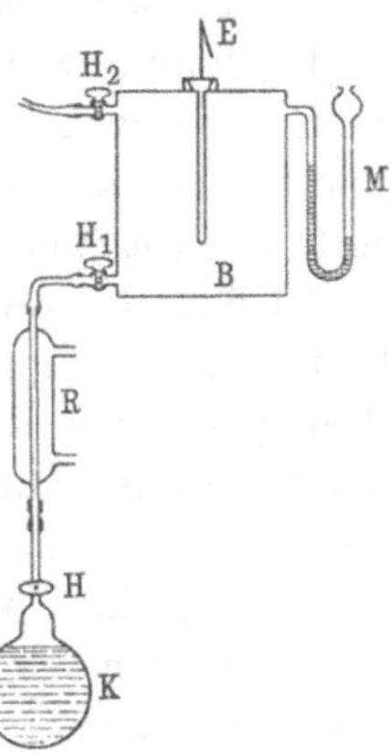

Rohr wird in das Wasserbecken eingetaucht. Nach Öffnen des mit demselben verbundenen Hahnes treibt der äußere Luftdruck Wasser in die Kammer. Nach Abnahme des Steigrohres (Fig. 6 a) kann dann das Wasser nach der Zirkulationsmethode (Kapitel VIII) untersucht werden. Greinacher (VI, 3) ersetzt die von Weszelszky verwendete, ungefähr 4 Liter haltende Blechkanne durch den Glaskolben K (Fig. 7) von ungefähr 750 ccm Inhalt. Der Kolben wird soweit als möglich mit der Wasserluftpumpe ausgepumpt, worauf man bei geöffnetem Hahn H das Wasser hineinsteigen läßt. Die Emanation wird durch Auskochen in das vorher ebenfalls ausgepumpte Meßgefäß B übergeführt. R ist ein Rückflußkühler, der verhindern soll, daß Wasserdampf in das Meßgefäß gelangt. E ist ein Elektrometer, M ein Manometer. Nach genügend langem Kochen wird H_1 geschlossen, der Verbindungsschlauch mit K abgenommen, und dann zur Herstellung von gleichem Druck innen und außen einer der beiden Hähne H_1 oder H_2 für einen Augenblick geöffnet. Das Verfahren von Greinacher empfiehlt sich besonders dann, wenn die Untersuchung nicht an der Quelle selbst vorgenommen werden kann. Ist der Kolben K gut ausgepumpt, so dürfen nach dem Füllen mit Wasser in ihm nur noch wenige Kubikzentimeter Luft vorhanden sein. Ist mehr Luft vorhanden, so ist dieses ein Zeichen, daß bei dem Einfüllen nicht mit der nötigen Sorgfalt verfahren wurde und das Wasser mit Außenluft in Berührung kam.

Nimmt man die Messung nicht unmittelbar nach dem Abfüllen an der Quelle vor, so hat man zu beachten, daß die Emanation sich zersetzt und nach 3,85 Tagen nur noch die Hälfte vorhanden ist. Die nebenstehende kleine Tabelle, die einer ausführlichen im Lehrbuch der Mme Curie enthaltenen entnommen wurde, gibt an, wieviel Prozent der ursprünglichen Emanation nach der angegebenen Zeit noch vorhanden sind. Es ist also die nach drei Tagen nach der Abfüllung noch vorvorhandene Emanation durch 0,58 zu dividieren, um die im Moment der Abfüllung vorhandene Menge zu berechnen.

Tage	Stunden	Proz.
	0	100
	2	98
	4	97
	6	96
	8	94
	10	93
	12	91
	18	87
1	0	84
1	6	80
1	12	76
1	18	73
2	0	70
2	12	64
3	0	58
3	12	53
4	0	48

Sehr häufig bedient man sich zur Bestimmung der Emanationsmenge eines von Engler und Sieveking (VI, 4) angegebenen Instrumentes, des Fontaktoskopes, das zwar weniger genaue Resultate als die im Abschnitt VIII. beschriebenen Instrumente gibt, dafür aber bequem transportabel ist und ein rasches Arbeiten gestattet. Aus der bereits ziemlich umfangreichen Literatur, die über dieses Instrument entstanden ist, soll hier das Wesentliche wiedergegeben werden.

Das Instrument selbst (Fig. 8) besteht aus einer Blechkanne von ungefähr 10 Litern Inhalt. Dieselbe kann durch den Deckel D verschlossen werden, welcher eine runde Öffnung von 0,8 cm Durchmesser

Fig. 8.

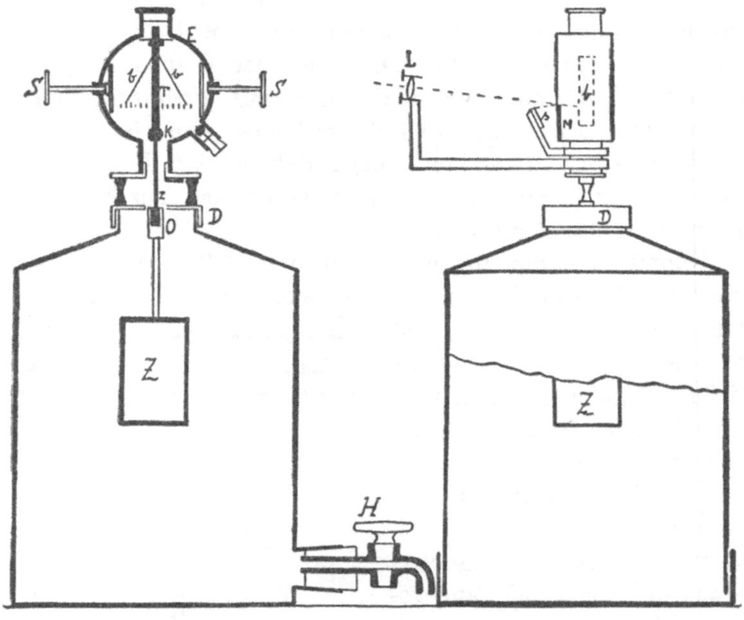

besitzt. Auf den Deckel setzt man das von Exner konstruierte und von Elster und Geitel verbesserte Aluminiumblattelektrometer E. Der Abstand der beiden Aluminiumblättchen kann mit der Lupe L an der Skala s, welche sich auf den Spiegel N projiziert, abgelesen werden. Der Zerstreuungskörper Z ist mittels Bajonettverschluß in dem Stift z befestigt.

Man füllt je nach der Aktivität der Quelle in die Kanne $^1/_2$ bis 2 Liter Wasser, verschließt durch den Kautschukstopfen und schüttelt eine halbe Minute lang mäßig. Wenn das Wasser von dem oberen Teile des Gefäßes abgetropft ist, befestigt man den Zerstreuungskörper am Elektroskop und taucht ihn in das Innere des Apparates ein. Dann lädt man das isolierte System durch Berührung des Stiftes *z* mit einer geriebenen Ebonitstange. Aus dem an der Blättchenstellung abgelesenen Potentialabfall und der Kapazität des Apparates berechnet sich in der in Abschnitt VIII angegebenen Weise die in einem Liter Wasser enthaltene Emanationsmenge. Abzuziehen ist vorher der Potentialabfall, der infolge mangelhafter Isolation erfolgt, wenn das Gefäß leer oder mit inaktivem Wasser gefüllt ist. Die nötigen Eichtabellen und die Anleitung zur Berechnung wird dem Apparat vom Verfertiger (Günther u. Tegetmeyer, Braunschweig) beigegeben. Ein großer Übelstand bei der ursprünglichen Engler-Sieveking-schen Einrichtung ist der, daß das Gefäß nach dem Schütteln zur Einführung des Zerstreuungskörpers geöffnet werden muß, es geht dabei stets ein unberechenbarer Teil der emanationshaltigen Luft verloren. Mache und Meyer (VI, 5) haben diesen Fehler dadurch beseitigt, daß sie den Zerstreuungskörper dauernd im Schüttelgefäß lassen und seinen Schaft als konische Dichtung ausbilden. Nach dem Schütteln wird der Schaft am Blättchenträger des Elektroskops befestigt und mit demselben gehoben.

Hammer (VI, 6) hat das Schüttelgefäß so eingerichtet, daß es bei völliger Abdichtung ohne Emanationsverlust auf jedes beliebige Elektrometer aufgesetzt werden kann. Das Wesentliche daran ist ein in den unteren Teil der Blechkanne eingelöteter Kegelstumpf, der die isolierenden Teile und den Zerstreuungskörper nebst ihn tragendem Stift vor Berührung mit dem Wasser schützt[1]).

Dem Fontaktoskop ähnlich ist ein von Weszelszky (VI, 7) beschriebener Apparat. Nur im Laboratorium verwendbar ist ein von Becker (VI, 8) konstruiertes „Emanometer“.

Sofort nach Eintreten der Emanation in das Meßgefäß, schlagen sich deren Zerfallsprodukte Ra A, B und C auf den Wänden nieder. Zu der von der Emanation verursachten Ionisation gesellt sich die dieser Produkte, der Strom steigt also an und erreicht nach 3 bis 4 Stunden sein Maximum. Der Anteil, den die Emanation an dem Gesamtstrom nach einer bestimmten Zeit hat, ist von verschiedenen Seiten berechnet worden (VI, 9).

---

[1]) Verfertiger Mechaniker I. Weiss, Freiburg i. Br.

Aus Versuchen von W. Hammer und Fr. Vohsen hat sich aber ergeben, daß es nicht angängig ist, wenigstens die in den ersten 10 Minuten gemessenen Stromwerte für die Berechnung des Stromes zu benutzen, den die Emanation allein hervorrufen würde, weil auch mit dem Wasser schon fertig ausgebildete Radiuminduktionen in das Gefäß herein kommen. Wie auch Engler und Sieveking in ihren neueren Veröffentlichungen angeben, empfiehlt es sich daher, nach dem Einfüllen des Wassers und Schütteln, mit der Messung bis zur Erreichung des Gleichgewichtes, also etwa $3^1/_2$ Stunden, zu warten. Von dem dann gemessenen Strom kommen nach Mache und Meyer (VI, 10) 49 Proz. auf die Rechnung der im Gefäß enthaltenen Emanation, d. h. der wirklich gefundene Wert ist mit 0,49 zu multiplizieren, um den Strom zu haben, den die beim Einfüllen vorhandene Emanation allein ohne ihre Zerfallsprodukte hervorrufen würde. Bei der Berechnung dieses Korrektionsfaktors ist nicht nur die Wirkung der induzierten Aktivität berücksichtigt, sondern auch dem Umstand Rechnung getragen, daß in $3^1/_2$ Stunden ein Teil der Emanation zerfällt, und daß die Reichweite der α-Strahlen in dem Fontaktoskop nicht vollständig ausgenützt wird. Ratsam ist es, das Elektrometer schon $^1/_2$ Stunde vor der Messung zu demselben Vorzeichen aufzuladen, mit dem es während der Messung gebraucht wird, da sonst bei der Messung eine Umlagerung der sich im elektrischen Felde an der negativen Elektrode absetzenden Induktionen eintritt. Endlich ist noch zu berücksichtigen, daß ein Teil der Emanation in dem Wasser gelöst bleibt. Im Fontaktometer ist der nach den Angaben S. 73 zu berechnende Korrektionsfaktor in der Regel deshalb klein, weil der Luftraum, so lange man nicht mehr als 1 Liter Wasser nimmt, mindestens 12 mal größer ist als die Wassermenge. Man rechnet den so erhaltenen Stromwert auf denjenigen um, den die in einem Liter Wasser enthaltene Emanation zu unterhalten vermag, wobei man nach einem Vorschlage von Mache, um nicht allzu kleine Zahlen zu erhalten, als Stromeinheit nicht die elektrostatische Einheit, sondern ihren tausendsten Teil wählt. Der Emanationsgehalt beträgt dann eine Mache-Einheit (ME), wenn die in einem Liter enthaltene Emanationsmenge bei vollständiger Ausnutzung ihrer Strahlung allein, d. h. ohne ihre Zerfallsprodukte, einen Sättigungsstrom (siehe Abschnitt VIII) von einem Tausendstel der elektrostatischen Stromeinheit zu unterhalten vermag. Auch den Emanationsgehalt der Quellgase pflegt man auf 1 Liter Gas zu beziehen und in ME anzugeben.

Die einer Mache-Einheit im Liter entsprechende Emanationsmenge beträgt $3{,}7 \times 10^{-10}$ Curie.

Von Wichtigkeit ist es, zu prüfen, ob eine Quelle nur Radiumemanation oder ob sie auch Radiumsalz gelöst enthält. In diesem letzteren Fall wird fortwährend neue Emanation erzeugt. Man entfernt also aus der zu untersuchenden Wasserprobe die vorhandene Emanation durch wiederholtes Ausschütteln mit stets erneuter Luft, oder durch Durchsaugen von inaktiver Luft mit Hilfe einer Wasserluftpumpe oder einfacher noch durch Auskochen, überläßt die entemanisierte Flüssigkeit einige Tage lang in verschlossenem Gefäß sich selbst, und prüft dann ob sich wieder von neuem Emanation gebildet hat. Aus der gemessenen Emanationsmenge und der seit dem Entemanisieren verflossenen Zeit läßt sich nach Tabellen, bezüglich deren ich auf die Lehrbücher verweise, die in der Zeiteinheit erzeugte Emanationsmenge berechnen. Will man diese Rechnung umgehen, so läßt man die Emanation mindestens drei Wochen lang sich ansammeln; nach dieser Zeit ist Gleichgewicht eingetreten, und die vorhandene Emanationsmenge gibt in Curie ausgedrückt direkt die im Wasser gelöste Radiummenge an. Hat man sich zum Austreiben der Emanation der Kochmethode bedient, so muß man natürlich den beim Kochen eingetretenen Wasserverlust in Rechnung ziehen.

3. Die Abhängigkeit der Radioaktivität der Quellen von ihrem Vorkommen.

Eine Abhängigkeit des Emanationsgehaltes der Quellen von der Beschaffenheit des durchflossenen Gesteines hat sich bis jetzt nur in allgemeinen Zügen feststellen lassen, und zwar aus folgenden Gründen: 1. Aus der Formation, in welcher die Quelle ausmündet, läßt sich kein sicherer Schluß ziehen auf die Schichten, welche das Wasser durchlaufen hat. Es ist schon lange bekannt, daß nahe beieinander mündende Quellen ganz verschiedene Temperaturen und verschiedene chemische Zusammensetzung haben können. 2. Die im Wasser enthaltene Emanation kann vom Radium stammen, welches in den vom Wasser selbst durchlaufenen Schichten vorhanden ist, es kann aber auch Emanation aus ganz anderen Schichten in die vom Wasser durchlaufenen Spalten hereindiffundieren. 3. Wasser, welche radiumreiche Schichten durchlaufen haben, können sich auf ihrem weiteren Laufe mit inaktiven Wassern mischen, so daß die vorhandene Emanation stark verdünnt wird. So sind z. B. die Quellwasser aus der an Uranerzen reichen Umgebung von Johanngeorgenstadt in Sachsen zum Teil schwach, zum Teil nur mäßig aktiv, 0,5 bis 14 ME, während die reichsten Quellen, die Brambacher, mit bis zu 2000 ME aus nicht erzführendem Granit entspringen. Die aktivsten Quellen sind dort diejenigen, welche zu Wasserleitungszwecken gebraucht wurden, daher gut abgeschlossen gehalten werden. Wasser, das durch die emanationshaltigen Schichten in sehr feinen Spalten langsam hindurchsickert, wird natürlich auch mehr Emanation absorbieren können als in starken Adern strömendes. Wo die Emanation etwa aus tiefer liegendem Granit oder Porphyr durch überlagerndes schiefriges Gestein leicht bis in die obersten Bodenschichten dringen kann, oder wo die obersten Schichten stark verwittert sind, werden sich auch Tagwässer mit Emanation anreichern können. So hat man im Taunus und im Tauerntunnel die Beobachtung gemacht, daß die kalten Quellen im allgemeinen emanationsreicher sind, als die in der Nähe zutage tretenden warmen, ein Verhalten, das sich nicht ausschließlich dadurch erklärt, daß kaltes Wasser einen größeren Löslichkeitskoeffizienten für Emanation besitzt als warmes.

In Brambach, am nördlichen Abhang des Fichtelgebirges, münden unmittelbar neben der bis jetzt als emanationsreichsten bekannten „Neuen Quelle" mit 1960 ME eine große Anzahl Quellen mit 100 bis 150 ME, in einem Brunnen aber sinkt der Emanationsgehalt auf 4 ME. Selbst bei Quellen, von denen Weidig (VI, 14) annimmt, daß sie einer und derselben Spaltenlinie angehören, schwankt der Emanationsgehalt zwischen 25 und 165 ME. Die Temperatur dieser 70 von Weidig untersuchten Quellen schwankt zwischen 7 und 10° C. Von ganz wenigen abgesehen, sinkt die Aktivität der Quellen auf der ganzen Gemarkung nicht unter 50 ME. Niedrigere Aktivitätswerte zeigen die Quellen, die in der dem Brambacher Gebiet nördlich vorgelagerten Schieferzone entspringen, der Emanationsgehalt steigert sich aber mit der Annäherung an den Granit. Natürlich zeigen sich auch innerhalb des Granits, selbst in kleineren Gebieten, schon große Unterschiede. Die Aktivität der Quellen des Eibenstocker Granits (Erzgebirge) schwankt nach Weidig zwischen 2 und 270 ME, keine ist ganz inaktiv, während sich im Granit der Lausitz nur sehr wenige Quellen von bemerkenswerter Aktivität, etwa 20 ME, finden. Die Wasser der Schneeberger Gruben (Erzgebirge) haben bei einer Temperatur von 7 bis 10° C eine Aktivität von 70 bis 800 ME, die des Joachimsthalers dagegen eine solche von 2050 ME. Die reichsten Quellen des Granitgebirges entspringen auf der Kreuzungsstelle zweier Spalten. Überhaupt können wir allgemein sagen, daß die Quellen hoher Aktivität in der Regel aus Verwerfungsspalten in oder am Rande des älteren Gebirges auftreten, im Schwarzwald z. B. an der Verlagerungsfläche des Oberrotliegenden auf Granit, im Granit selbst und auf dem Porphyr. Vielleicht wären unsere Kenntnisse in dieser Hinsicht schon etwas weiter entwickelt, wenn man sich nicht mit Ausnahme der oben erwähnten Länder darauf beschränkt hätte, nur Mineral- und Thermalquellen auf ihren Emanationsgehalt hin zu untersuchen. Daß das Vorkommen von Emanation nicht an den Mineralgehalt gebunden ist, zeigen die emanationsreichen Gasteiner Quellen, die bekanntlich ein von Mineralbestandteilen fast freies Wasser liefern. In der Regel fast ganz inaktiv sind die vielen in Sedimentärschichten entspringenden kalten Schwefelquellen. Selbst im Granitgebiet der sächsischen Lausitz hat eine schwefel- und eisenhaltige Moorquelle nur einen Emanationsgehalt von 5,5 ME, während in anderen Quellen der Nachbarschaft derselbe bis auf 115 ME steigt. Weniger emanationsreich als die Granit-, Syenit- und Porphyrwasser sind im allgemeinen die aus basischen Eruptivgesteinen stammenden, fast vollständig inaktiv die aus Kalk und Sandstein kommenden.

Unter den von Bamberger und Krüse (VI, 16) untersuchten Tiroler Quellen finden sich Eisenquellen mit einer Temperatur von 6° C, die eine Aktivität von 66 bis 89 ME aufweisen. Sie entspringen aus dem Graphitquarzit des Villsößtales. Die nächst aktivsten Quellen mit 36 ME, Temperatur 12,3°, entspringen im Granit (Tonalit) bei Lana im Etschtal. Daneben gibt es aber auch zahlreiche im Granit, Porphyr, Pegmatit entspringende Quellen von sehr geringer Aktivität, während andererseits solche mit bemerkenswerter Aktivität (28 ME) in graphitischem Phyllit zutage treten.

Wo Wasser langsam durch die oberen Bodenschichten hindurchsickert, wird sich sein Emanationsgehalt mit dem dieser Schichten ins Gleichgewicht setzen müssen, bestimmend aber für die Aktivität des Wassers kann der Radiumgehalt der obersten Bodenschichten doch nur dort sein, wo die Quellwege in demselben Gestein verlaufen, in dem sie auch ausmünden. So fand v. d. Borne (VI, 25) in den allerdings nur schwach aktiven heißen Quellen des Simplontunnels wenigstens im Mittel der einzelnen Gruppen eine deutlich ausgeprägte Abhängigkeit von der Formation:

Antigoriogneis	1,06	ME
Leonegneis	0,90	„
Juraschichten	0,78	„
Tonschiefer	0,78	„
Paläozoische Gesteine	0,43	„
Triaskalke	0,14	„
Nordwestliche Juraschichten	0,1	„

Andererseits kann aus sehr großen Tiefen aber auch keine Emanation mit hervorgebracht werden, denn bei hohen Temperaturen wird der Absorptionskoeffizient für Emanation so klein, daß das Wasser nur äußerst geringe Mengen aus dem durchflossenen Gestein aufnehmen kann. So zeigt sich denn, wie schon bemerkt, daß im Granit- und Porphyrgebiet kalte Quellen einen höheren Emanationsgehalt haben als warme, die direkt aus der Tiefe emporstoßen. Sehr deutlich tritt dieses bei den Taunusquellen und bei den Quellen von Baden-Baden und Karlsbad (siehe Tabelle S. 90) hervor. Kurz und Schmidt (VI, 18) bemerken, daß von Quellen der Wetterau, die aus großen Tiefen kommenden und viel Wasser führenden, wie der Nauheimer Sprudel, der Vilbeler Sprudel auffallend geringe Aktivität besitzen, während die mehr oberflächlichen, wie der Nauheimer Karls- und Kurbrunnen, sowie die Sodener Quellen, durchweg stärker aktiv sind. Isitani und Yamakawa (VI, 20) sind dagegen wenigstens bezüglich der von ihnen untersuchten Quellen von Formosa der Ansicht, daß die Erniedrigung des Emanationsgehaltes mit zunehmender Temperatur innerhalb einer und derselben Gruppe von Quellen nicht allein durch die Verminderung des Absorptionskoeffizienten erklärt werden könne. Sie nehmen an, daß die Quellen derselben Gruppe aus einem Reservoir kommen, in dem sie sich mit Emanation anreichern, daß sie aber dieselbe auf ihrem weiteren Weg zum Teil wieder abgeben, und daß die Erniedrigung der Temperatur und die Abgabe von Emanation um so beträchtlicher wird, einen je weiteren Weg die Wasser innerhalb der oberen Bodenschichten noch zurückzulegen haben.

Dort wo die Quellen ausschließlich im Sedimentärgestein verlaufen, scheinen sie sich nach Studien von Dienert und Guillerd (VI, 22) am besten mit den zuletzt durchlaufenen Schichten in das radioaktive Gleichgewicht zu setzen.

Einfacher liegen die Sachen mit den im Wasser gelösten festen Bestandteilen. Die Löslichkeit der meisten Salze ist bekanntlich bei höheren Temperaturen größer als bei niederen. Radium, Thorium- und zum Teil auch Uransalze werden daher in größeren Tiefen leichter aufgenommen werden, an der Quellmündung dagegen in fester Form abgegeben. Schon Elster und Geitel war die hohe Aktivität des Fangos von Battaglia (Toskana) aufgefallen. Noch weit aktiver erwiesen sich Sedimente der heißen Quellen von Nauheim und Baden-Baden, in welchen auch Thor bzw. Radiothor nachgewiesen werden konnte. Durch großen Reichtum an letzterem zeichnen sich nach Blanc (VI, 19) die Absätze der Quellen von Salins-Montiers (Savoyen) aus.

Schon dieses häufige Vorkommen von Radiothor in den Sedimenten deutet neben der Kurzlebigkeit der Thoriumemanation darauf hin, daß diese, wo sie sich überhaupt im Wasser findet, von dem im Wasser gelösten Salz stammt. Den direkten Beweis dafür hat Starke (VI, 21) erbracht, indem er nachwies, daß Thoriumemanation auch mehrere Stunden nach der Entnahme des Wassers noch vorhanden war. Von 32 von ihm untersuchten Brunnen aus der Umgegend von Halle a. S. enthielten 20 neben Radium- auch Thoriumemanation, und zwar vorzugsweise diejenigen Wasser, welche aus Sedimenten, Tonen und Kaolinen stammten, und infolgedessen auch nur geringe Mengen Radiumemanation, im Maximum 1,7 ME enthielten, während die aus dem Porphyr entspringenden radiumreichen Quellen, bis zu 50 ME, von Thoriumemanation frei waren. An dem ganzen von der Emanation aus den einzelnen Quellen unterhaltenen Strom ist die Thoriumemanation im Maximum mit 0,16 ME beteiligt. Das Verhältnis des von der Radium- zu dem von der Thoriumemanation unterhaltenen Stroms ist im Mittel etwa 10 und steigt mit dem Gehalt des Wassers an Radiumemanation.

Die Löslichkeit der im Wasser enthaltenen Thorium- und Radiumverbindungen scheint mit fallender Temperatur rasch abzunehmen, denn nach den Beobachtungen von verschiedener Seite werden die Sedimente immer aktiver, je näher der Mündung sie sich absetzen.

Da Radiothor sich mit einer Halbwertsperiode von 737 Tagen zersetzt und seinerseits nur rasch zerfallende Produkte bildet, so muß, falls keine langlebige Muttersubstanz des Radiothors in dem Sediment enthalten ist, die Aktivität desselben im Laufe der Jahre abnehmen. Tatsächlich konnte Verfasser dieses auch in dem sandigen Sediment der Murquelle von Baden-Baden beobachten. Das Radiothor rührt daher offenbar, wie dieses auch Rutherford vermutet, von im Wasser gelöst bleibendem Mesothor her.

Da die im Wasser gelösten Salze nicht wie die Gase in ständigem Austausch mit der Umgebung sind, und außerdem die Aktivität ein sehr empfindliches Reagens ist, so eignet sich dieselbe gut dazu, die Herkunft des Wassers zu verfolgen. So konnte Lugeon (VI, 23) mit Hilfe der von Gockel bestimmten Aktivität der Absätze der heißen Quellen von Leuk (Kanton Wallis) den Nachweis erbringen, daß die oberhalb der Gemmi einsickernden Wasser in tief unterhalb ihres Mündungsniveaus liegendem Granit einsinken, und dann infolge der Faltung der Schichten erwärmt und mit aktivem Material angereichert, zu ihrer Mündungstelle emporsteigen.

Während der Emanationsgehalt einiger Quellen außerordentlich konstant ist, weist der anderer ganz bedeutende Schwankungen auf, die der Büttquelle in Baden-Baden z. B. von 82 bis 126 ME. Die Ursachen dieser Schwankungen sind noch nicht geklärt. A. Schmidt (VI, 47) findet auf Grund von während eines Jahres durchgeführten ständigen Messungen einiger Quellen im Taunus, daß die Aktivität mit steigender Ausflußmenge zunimmt, andere Autoren kommen zu dem entgegengesetzten Resultat. Wo eine Vermischung mit Tagwassern stattfindet, müssen natürlich die meteorologischen Verhältnisse eine Rolle mitspielen. Noch stärker als die der laufenden Quellen wird natürlich die in der Regel nur schwache Aktivität der bis jetzt nur von Jaufmann (VI, 48) untersuchten Grundwasser von den meteorologischen Faktoren beeinflußt.

Die hohe Aktivität mancher heißen Quellen hat man durch die stärkere Zersetzbarkeit vulkanischer Gesteine zu erklären versucht. Die Aktivität der Quelle auf Ischia mag sich auf diese Weise erklären. Auf der anderen Seite aber sind die heißen Gasteiner Quellen zwar reich an Radiumemanation, aber sehr arm an mineralischen Bestandteilen, und bei den warmen Quellen von Spa (VI, 26) ergab sich, daß gerade die aktivsten auch die an mineralischen Bestandteilen ärmsten sind.

Die auch in geologischer Hinsicht von Thorkelson (VI, 40) untersuchten, auf vulkanischem Boden entspringenden heißen Quellen von Island haben im allgemeinen keine beträchtliche Aktivität, im Maximum 88 ME, die Gase des großen Geysir des Yellowstone-Parkes eine solche von 28 ME.

Hurmuzescu (VI, 50) hat die Aktivität rumänischer Petroleumquellen untersucht und kommt zu folgenden Resultaten:

1. Die Aktivität dieser Quellen ist von derselben Größenordnung wie die der Mineral- und Thermalquellen, die Emanation ist die des Radiums.
2. An einem und demselben Ort schwankt die Aktivität mit der geologischen Schicht und der Beschaffenheit des Petroleums. Die leichtesten Kohlenwasserstoffe scheinen die emanationsreichsten zu sein.
3. In einem und demselben Bohrloch ist der Emanationsgehalt im Anfang des Betriebes größer als später.
4. Die aufsteigenden Gase sind, auf dasselbe Volumen bezogen, emanationsärmer als das Petroleum, was bei dem großen Absorptionsvermögen des letzteren natürlich ist.
5. Auch der tonige Schlamm aus Bohrlöchern und ebenso das in diesen enthaltene Salzwasser ist aus demselben Grunde weniger aktiv als das Petroleum.

Die Aktivität in einer Anzahl bekannter Quellen ist in den nachfolgenden Tabellen gegeben. Die Bemerkungen: Salz oder Th. sollen sagen, daß in dem Wasser Radiumsalz oder Radiothor gelöst ist. Wo an einem Ort mehrere Quellen aufgeführt sind, sind dies gewöhnlich die am stärksten und die am schwächsten aktiven.

4. Tabellen.

	Temp. °C	Wasser ME	Gas	
Sachsen (VI, 14).				
Brambach, Neue Quelle	7	1964	—	—
Sohl bei Bad Elster	9	3,7—15,4	—	—
Hessen u. Nachbargebiete (VI, 18, 28).				
Bad Nauheim, Sprudel	33	1,6	—	—
„ „ Karlsbrunnen	15	25—28	—	—
„ Homburg v. d. Höhe, Elisabethbrunnen	10,6	11,4	—	Th.
„ „ „ „ „ Luisenbrunnen	11,2	2,3	—	—
„ Soden, Wilhelmsbrunnen	14,0	18,2	—	—
„ „ Solbrunnen	16,3	4,3	—	—
„ Kreuznach, Inselquelle	12,6	20,4	—	Salz
„ „ Theodorshalle	7,1	6,6	—	Th.
Münster am Stein, Hauptbrunnen	30,6	23,4	—	—
Salzhausen, Wetterau, Lithiumquelle	—	2,1	—	—
Wiesbaden, Kochbrunnen	68	1,2	30,5	—
„ Adlerquelle	64	0,6	22,7	—
„ Schützenhofquelle	50	7,8	64,2	—
„ Goldener Brunnen	—	4,1	42,8	—
„ Marienbrunnen	8,0	5,0	—	—
Kissingen, Racoczy (VI, 39)	—	2,8	—	Th.
„ Maxquelle	—	4,3	—	—
Westdeutschland (VI, 30).				
Dürkheim a. d. Haardt, Maxquelle	19,5	2,4	7,7	Salz
Schwarzwald (VI, 27).				
Baden-Baden, Büttquelle	23,5	82—125	—	—
„ Murquelle	59	24,0	—	—
„ Kirchenquelle	56,3	3,3	—	—
Badenweiler, Hauptbadquelle	27,5	7,6	—	—
„ Gemeindequelle	22,5	10,1	—	—
Wildbad, Warme Quelle	36	1,6—3,3	—	—
„ Kalte „	kalt	0,2	—	—
Griesbach, Badquelle	„	26,0	—	—
Petersthal, Sofienquelle	„	4,3	—	—
Antogast, Antoniusquelle	„	16,0	—	—
Rippoldsau, Wenzelsquelle	„	2,1	—	—
„ Sammelschacht	„	12,1	—	—
Württemberg (VI, 51).				
Göppinger Sauerbrunn	—	3,1	—	—
„ Staufenbrunnen	—	1,4	—	—

Forsetzung der Tabelle.

	Temp. °C	Wasser ME	Gas	
Mergentheimer Karlsquelle	—	2,4	—	—
Wildbad	—	1,8	—	—
Teinacher Hirschquelle	—	1,1	—	—
Kannstatt, Kursaal	—	0,6	—	—
Böhmische Bäder (VI, 31).				
Karlsbad, Sprudel	71,3	0,1	0,88	Salz
„ Bernhardsbrunnen	61,1	1,58	4,0	—
„ Mühlbrunnen, vorderer	39,2	31,5	94,2	—
„ Schloßbrunnen	30,2	17,4	50,2	—
„ Spitalbrunnen	11,6	2,35	—	—
Marienbad, Waldquelle	7,0	4,6	10,9	—
„ Kreuzbrunnen	7,5	4,3	8,7	—
Teplitz, Urquelle	45,9	5,0	22,0	—
„ Augenquelle	21,9	3,1	—	—
Franzensbad, Loimannsquelle	etwa 11	0,95	0,67	—
„ Salzquelle	„	0,13	—	—
Joachimsthal, Grubenwasser	14,2	185	—	—
„ „	—	2050	—	—
Niederösterreich u. Alpenländer (VI, 32 u. 33).				
Baden bei Wien, Franzensbad	33,8	8,5	—	—
Vöslau bei Wien, Neue Quelle	20,7	0,8	—	—
Gastein, Grabäckerquelle	36,3	155	564	—
„ Elisabethstollen	46,8	133	412	—
„ Rudolfstollen	46,9	24,7	—	—
Froy, Tirol, Magenquelle	—	51,0	—	—
Ungarn (VI, 35).				
Sct. Lucasbad	—	8,4	21,8	—
Pistyan, Brunnenschacht	60,0	2,0	—	—
Belgien (VI, 26).				
Spa, verschiedene Quellen	—	0,34–8,08	—	—
Frankreich (VI, 29, 34, 38).				
Aix les Bains, Alaunquelle	—	56,0	—	—
Plombières, Kapuzinerquelle	—	94,5	—	—
Vichy, Quelle Chousel	43,6	1,63	10,2	—
„ „ Hôpital	33,8	0,05	0,35	—
„ „ Cèlestins	15,0	0,13	3,95	—
Bourbon Lancy (Saône et Loire)	—	20,1	—	—

Fortsetzung der Tabelle.

	Temp. °C	Wasser ME	Gas	
Schweiz (VI, 36 u. 37).				
Baden	47—48	0,3—1,31	2,7—3,7	—
Disentis	7,9	47,7	45,4	—
Leuk	51	0,3	—	Salz
Lavey, Waadt	—	11,0	—	—
St. Moritz, Engadin, Paracelsusquelle	4,9	1,4	—	—
Pfäfers-Ragaz, Stollenquelle	36	0,7	—	—
Schuls, Sotsassquelle	kalt	1,0	—	—
Tarasp, Carolaquelle	„	1,1	0,6	—
Italien (VI, 27).				
Ischia, Stabilimento communale	63	4,7	—	—
„ Altrömische Quelle	57	372	—	—
Castellamare, Acidolaquelle	—	22,6	—	—
Battaglia, Surgone-Grotte	74	5,7	—	—
Albano bei Padua	67	5,0	—	—

5. Quellabsätze.

Wie bereits bemerkt, liegen nur wenige quantitative Bestimmungen des Radium- und Thorgehaltes der Quellabsätze bis jetzt vor. Weitaus der größte Teil der Untersuchungen ist in der Weise ausgeführt worden, daß mit dem Elster und Geitelschen Glockenapparat die α-Strahlung von 125 g Substanz gemessen wurde. Die Bestimmungen geben aus den bereits angeführten Gründen nur annähernd vergleichbare Werte. Es mögen aber doch wenigstens einige der Zahlen hierher gesetzt werden. Angegeben ist jeweils der Voltabfall in einer Stunde (VI, 27, 39, 40, 41, 42).

Baden-Baden, Klosterquelle	4000—5000
„ Fettquelle	100
„ Büttquelle	schwach
Kissingen, Saline	758
„ Racoczy	245
Aachen, Kaiserquelle	380
Münster a. Stein, Hauptbrunnen	700
Assmannshausen, Lithiumquelle	740
Kreuznach, verschiedene Quellen	4100—5016
Wiesenbad, Sachsen	76

Teplitz	57—4890
Reichenhall	68
Landeck i. Schlesien	100—220
Fango Battaglia	27,6—30,3
Urankaliumsulfat } zum Vergleich	3600
Uranpecherz, Joachimsthal } zum Vergleich	13 000

Radiothor findet sich nicht selten. Ebler konnte im Schlamm von Dürkheim Radioblei nachweisen; Masetaro (VI, 52) in dem von Hokuto (Japan), der in der Hauptsache aus $PbSO_4$ und $BaSO_4$ besteht; Ra, Ionium, Polonium, Uran wurde auch in den sehr aktiven Sedimenten von Teplitz vergeblich gesucht. Quantitativ ist der Radiumgehalt des Schlammes von Lukasbad (Ungarn) bestimmt zu 500×10^{-12} g pro Gramm Substanz, also dem 100-fachen des Radiumgehaltes von Eruptivgesteinen.

Der Reissacherit, eine Art Braunstein, der sich in den Quellwassern der Thermen von Gastein findet, besitzt einen Radiumgehalt, der etwa $^1/_{20}$ des der Uranpechblende ist.

6. Fluß- und Meerwasser.

Es ist bereits darauf hingewiesen worden, daß die in den Quellen enthaltene Emanation von dem fließenden Wasser bald an die Luft abgegeben wird. Es ergibt sich aber schon aus dem Gehalt der Gesteine an Radium und der Löslichkeit der Radiumsalze, daß sich minimale Spuren Radium und noch mehr Thorium in allen Quell- und daher auch Flußwassern finden müssen. Nachweisbar ist dieser Gehalt nur in wenigen Quellen (Gastein, Karlsbad usw.). Im Meer aber muß eine Anreicherung stattfinden. Tatsächlich ist nun auch in dem Meerwasser Emanation enthalten, die nur von im Meerwasser selbst gelöstem Salz stammen kann. Der Emanationsgehalt ist durchweg sehr klein. Knoche (VI, 43), der im Stillen Ozean, westlich von Chile, und Laub (VI, 44), der im südlichen Atlantischen Ozean gemessen hat, fanden 0,00 bis 0,30 ME; Eve (VI, 45) und Joly (VI, 46) im nördlichen Atlantischen Ozean 4 bis 35×10^{-15} g Radium im Gramm Seewasser, also 1000 mal weniger als im gleichen Gewicht Gestein. Relativ sind die Schwankungen des Emanationsgehaltes recht groß, aber wegen der Kleinheit des absoluten Betrages scheinen mir diese Schwankungen doch zu unsicher, als daß man auf sie Gewicht legen könnte; vermutlich rühren sie zum großen Teil davon her, daß je nach der Wellenbewegung der Austausch der Emanation mit der atmosphärischen Luft mehr oder minder groß ist. Joly glaubt zwar, daß in der Nähe der Küste der Emanationsgehalt höher sei als auf dem freien Meere, was aber Knoche und Laub nicht bestätigen konnten. Der erstere ist der Meinung, daß über vulkanischem Untergrund der Emanationsgehalt zunehme. Mir scheint aber in Anbetracht der Kleinheit der in Rede stehenden Schwankungen, die fast innerhalb der Grenzen der Messungsfehler bleiben, auch diese Folgerung noch zu unsicher.

Joly gibt folgende Zusammenstellung des Radiumgehaltes im Gramm Seewasser:

Küste bei Irland	34×10^{-15} g
Biscayasee und Gegend von Madeira	17
Atlantischer Ozean zwischen Newyork u. Irland	14
„ „ Arktischer Strom	14
„ „ Golfstrom	14
„ „ Mitte Ozean	11
Östlich Pernambuco	4
Mittelmeer	14
Schwarzes Meer	7
Indischer Ozean	4—7

Der Thoriumgehalt wurde zu 1×10^{-8} g im Gramm Wasser gefunden, also ebenfalls mindestens 1000mal kleiner, als im gleichen Gewicht Gesteine.

Den Radiumgehalt des Seesalzes fand Strutt zu $0{,}075 \times 10^{-12}$ g im Gramm Salz, entsprechend einem Gehalt von $2{,}3 \times 10^{-15}$ g im Gramm Seewasser.

Im Nilwasser fand Joly 4,2, im Wasser des Lorenzostromes Eve $0{,}25 \times 10^{-15}$ g Radium im Gramm Wasser.

VII. Radioaktivität und Erdwärme.

Schon am Schluß seiner Untersuchungen über die radioaktiven Emanationen in Wasser- und Ölquellen hat Himstedt die Frage aufgeworfen, ob nicht möglicherweise die radioaktiven Bestandteile der Erde bei der Erklärung der Erdtemperatur in Betracht zu ziehen wären. Liebenow (VII, 1) hat dann unter Zugrundelegung des damals noch sehr mangelhaften Zahlenmaterials berechnet, daß bereits der 1000. Teil des Radiums, der nach den Untersuchungen von Elster und Geitel in der Erdkruste vorhanden sein müßte, genügen würde, um die beobachtete Zunahme der Temperatur nach dem Erdinnern hin zu erklären. Ganz richtig hat Liebenow daraus den Schluß gezogen, daß in größeren Tiefen der Radiumgehalt der Erde auf jeden Fall nicht größer, sondern bedeutend kleiner sein muß, als in der Nähe der Oberfläche, und daß dann auch eine Zunahme der Temperatur nach unten nur in den obersten Schichten der Erde vorhanden sei. Unterhalb des Gebietes der radioaktiven Massen könnte dann die Temperatur des ganzen Erdinnern einen gleichmäßigen, vielleicht nicht allzu hohen Maximalbetrag besitzen. Auch Koenigsberger (VII, 2) zeigt, daß die Fouriersche Abkühlungshypothese den wirklichen Gang des Temperaturgradienten in der Erde nicht hinreichend zu erklären vermöge und die Himstedtsche Annahme, wonach wenigstens ein Teil der Erwärmung von radioaktiven Stoffen geliefert würde, zur Erklärung der Beobachtung zu Hilfe genommen werden muß.

Neben anderen Forschern hat sich besonders Joly (VII, 3) sehr eingehend mit den Beziehungen zwischen Radioaktivität und Erdwärme beschäftigt.

Aus den im Kapitel II gegebenen Zahlen zieht Joly den Schluß, daß in der Nähe der Erdoberfläche 1 g Eruptivgestein im Mittel $1{,}2 \times 10^{-12}$ g und 1 g Sedimentgestein 1×10^{-12} g Radium enthalte. Diese Zahlen scheinen zwar mindestens für die Eruptivgesteine dem Verfasser zu niedrig gegriffen, doch sollen sie für die Rechnung beibehalten werden, zumal es sich dabei doch nur um eine rohe Annäherung handeln kann. Als mittlerer Thoriumgehalt wird angenommen $2{,}0 \times 10^{-5}$ g für das Gramm Eruptivgesteine und $1{,}2 \times 10^{-5}$ g für das Gramm Sedimentärgesteine, wobei die erste Zahl wahrscheinlich auch wieder um mindestens 25 Proz. zu niedrig gegriffen ist. Die Wärmeentwickelung eines Gramms Radium in Verbindung mit allen seinen Zersetzungsprodukten, auch den langlebigen, ist 216 cal/Stunden = 0,06 cal/Sek., eines Gramms Thorium ebenso 239×10^{-7} cal/Stunden oder $6{,}64 \times 10^{-9}$ cal/Sek. Aus diesen Zahlen ergibt sich für 1 g Eruptivgesteine eine sekundliche Wärmeerzeugung von $20{,}5 \times 10^{-14}$ und für die Sedimentgesteine von $14{,}0 \times 10^{-14}$ cal/Sek.

Berücksichtigen wir nun, daß in größeren Tiefen nur Eruptivgesteine vorhanden sind und rechnen wir mit einer mittleren Gesteinsdichte von 2,7, so ergibt sich durch die radioaktiven Prozesse eine mittlere Wärmeerzeugung von 55×10^{-14} cal pro Kubikzentimeter.

Auf der anderen Seite wollen wir mit Koenigsberger den mittleren Temperaturgradienten zu 35 m annehmen; daraus ergibt sich ein Temperaturgefälle von $0{,}000\,28^{0}$ C für das Zentimeter. Nehmen wir die mittlere Leitfähigkeit des Gesteins zu 0,004 an, so werden in der Sekunde durch jeden Querschnitt von 1 cm der Erdoberfläche $0{,}000\,28 \times 0{,}004$ oder 112×10^{-8} Grammkalorien geführt. Da im Kubikzentimeter 55×10^{-14} Kalorien entwickelt werden, so entspricht der Wärmeverlust der Wärmeentwickelung in einer Schicht von 112×10^{-8}, geteilt durch 55×10^{-14} $= 2{,}6 \times 10^{6}$ cm = 20 km. Die innerhalb einer Schicht von solcher Tiefe entwickelte Wärmemenge wäre unter den gemachten Annahmen, die der Größenordnung nach für die oberen Schichten richtig sind, genügend, um die gesamte in der Erdoberfläche entweichende Wärmemenge zu ersetzen.

Am angreifbarsten ist die gemachte Voraussetzung, daß innerhalb einer Schicht von der genannten Tiefe die Verteilung der radioaktiven Stoffe ungefähr dieselbe ist, wie in den uns zur Verfügung stehenden Gesteinen. Auf der einen Seite hat sich kein Einfluß der Tiefe auf den Radium- oder Thoriumgehalt der Gesteine ergeben, auf der anderen Seite aber sind die Basalte weniger stark aktiv als die sauren Gesteine. Nehmen wir nun an, daß in tieferen Schichten vorwiegend basische Gesteine sich finden, so würden wir zu geringeren Werten für die durchschnittliche Wärmeerzeugung kommen, ohne daß die Größenordnung, auf die es vorläufig allein ankommt, geändert wird.

Die Wärmeleitungsfähigkeit nimmt in der Erde wahrscheinlich mit zunehmender Temperatur ab, setzen wir als Mittel für die ersten 10 km statt des angenommenen Wertes $K = 0{,}004$ nur die Hälfte, so ergibt sich auch eine noch geringere Radium- und Thoriummenge als hinreichend zur Konstanthaltung der Erdtemperatur. Zu derselben Folgerung kommen wir, wenn wir berücksichtigen, daß wahrscheinlich auch der Temperaturgradient nach der Tiefe zu abnimmt.

Wollte man die Annahme aufrecht erhalten, daß das Radium gleichförmig durch die ganze Erde in der gleichen Menge wie in der Atmosphäre verteilt ist, so wäre die durch die radioaktive Materie erzeugte Wärme 200 mal größer als die durch Leitung entweichende. Diese Annahme hat nun auch aus einem anderen Grunde wenig Wahrscheinlichkeit für sich. Nach der Wiechertschen Hypothese, die durch die neueren Erdbebenforschungen gestützt wird, besteht der Erdkern aus Eisen, und aus dem geringen Radiumgehalt der Meteoreisen kann man den Schluß ziehen, daß auch das im Inneren der Erde enthaltene Eisen nur noch eine geringe Aktivität besitzt. Weitere Untersuchungen an Meteorsteinen und Eisen wären allerdings sehr erwünscht. Der mit der Tiefe zunehmende Eisenreichtum der Basalte und der geringere Radiumgehalt spricht ebenfalls gegen eine gleichmäßige Verteilung des Radiums im Erdinnern. Die wirklich vorhandenen Mengen aktiver Stoffe sind uns aber noch unbekannt, und wir wissen nicht, ob in der Erde durch die radioaktiven Stoffe mehr Wärme erzeugt, als an der Oberfläche abgegeben wird, die Erde als Ganzes sich also erwärmt, oder ob das Gegenteil der Fall ist. Die Zersetzung des Urans, welches immer wieder Radium nachliefert, geht mit außerordentlicher Langsamkeit vor sich. Die Zeit, in der seine Aktivität auf die Hälfte sinkt, wird zu 4800 Millionen Jahren angenommen. Da also immerhin seit dem Festwerden der Erdkruste ein beträchtlicher Teil Uran zerfallen ist, so hat die Wärmeproduktion im Inneren der Erde schon abgenommen. Vielleicht ist dieser Prozeß noch nicht so weit fortgeschritten, daß die Wärmeabgabe die Wärmeerzeugung überwiegt und, entgegen der bisher herrschenden Ansicht, kühlt sich die Erde nicht ab, sondern erwärmt sich. Wahrscheinlich ist aber doch, daß wir uns auf dem absteigenden Ast der Kurve befinden und nur noch in den obersten Schichten der Erde eine beträchtliche Wärmeentwickelung durch radioaktive Stoffe stattfindet.

Unter der Annahme gleichmäßiger Verteilung radioaktiver Stoffe in der Erdkruste läßt sich die Temperatur T, die in einer Tiefe h herrscht, wenn als Wärmequelle ausschließlich die Wärmeerzeugung durch radioaktive Stoffe in Betracht kommt, berechnen nach der Formel:

$$T = \frac{qh^2}{2K},$$

wo q die im Kubikzentimeter in der Zeiteinheit erzeugte Wärmemenge und K die Leitfähigkeit bezeichnet.

(Einheiten g, cm, sec.) Für $K = 0{,}002$ ergibt die Rechnung für 20 km Tiefe $T = 550^0$ C. Für 5 km Tiefe 34^0, wenn Erdoberfläche $= 0^0$. Diese Zahlen, besonders die letztere, sind augenscheinlich zu niedrig, woraus die Unrichtigkeit der gemachten Annahme hervorgeht. Nehmen wir nun an, daß das Vorkommen der wärmeerzeugenden radioaktiven Stoffe sich auf die obersten 20 km beschränkt, so wird unsere Formel:

$$T = \frac{qh}{K}\left(H - \frac{h}{2}\right), \text{ wo } H = 20\,\text{km}.$$

In diesem Falle wird für $h = 5$ km Tiefe $T = 240^0$, eine Zahl, die immer noch zu niedrig ist. Nehmen wir, wie dieses auch Joly tut, die Leitfähigkeit zu 0,00014 an, so ergibt sich für T in 5 km Tiefe der Wert 343^0 und in 10 km Tiefe 481^0. Auch diese Zahlen werden noch zu niedrig sein.

Wir wollen nun umgekehrt davon ausgehen, daß nach den Temperaturen, die man an Laven bei ihrem Ausfluß gemessen hat, in 10 km Tiefe eine Temperatur von mindestens 1300^0 C herrscht und berechnen, welches die Verteilung der radioaktiven Stoffe sein müßte, um diese Temperatur zu erzeugen. Es muß, wenn andere Wärmequellen ausgeschlossen sind, die in der Schicht von der Dicke h erzeugte Wärme hq gleich der durch Leitung abgegebenen $K \times dT$ sein, wo dT den Temperaturgradienten bezeichnet. Die am Fuße der Schicht h herrschende Temperatur ist nach obiger Formel:

$$T = \frac{qh^2}{2K},$$

oder, wenn wir für h den Wert aus obiger Gleichung einsetzen:

$$T = \frac{K d T^2}{2 q}.$$

Wir kommen zu dem paradox erscheinenden Resultat, daß bei erfahrungsgemäß gegebenem Temperaturgradienten und konstanter Wärmeleitfähigkeit die in einer gewissen Tiefe herrschende Temperatur umgekehrt proportional ist der in dem Kubikzentimeter erzeugten Wärmemenge q. Dieser letztere Wert ist nun in den obigen Rechnungen sicherlich eher zu klein als zu groß angenommen. Wir kommen aber, wie Rutherford nachweist, zu Zahlen, die mit der Erfahrung besser übereinstimmen, wenn wir die Annahme machen, daß die Verteilung der radioaktiven Substanz eine Abnahme mit der Tiefe aufweist. Die in der Tiefe h herrschende Maximaltemperatur wird doppelt so groß, als oben angegeben, wenn wir statt gleichmäßiger Verteilung der radioaktiven Massen innerhalb der Schicht h annehmen, daß diese von der Oberfläche an exponentiell abnehmen, so daß

$$q = q_0 e^{-\frac{H}{x}}$$

wird, wo q_0 die an der Oberfläche, q die in der Tiefe h im Kubikzentimeter erzeugte Wärmemenge und H die Dicke der gesamten Schicht, in der eine Wärmeerzeugung stattfindet, bezeichnet.

Joly hat eine große Anzahl weiterer Rechnungen ausgeführt. Er berechnet z. B. die Erhöhung der Temperatur, die eintreten mußte, dadurch, daß sich eine Sedimentschicht von mehreren Kilometern Dicke über die ursprüngliche Erstarrungskruste legte, und schließt daraus, daß eine Erweichung dieser Kruste als Folge der Ablagerung der Sedimente eintreten mußte.

Eine seiner Rechnungen möge hier noch erwähnt werden. Die Gesteine des Gotthardtunnels sind, wie oben bemerkt, von Joly eingehend untersucht worden. Aus dem Radium- und Thoriumgehalt berechnet sich die Wärmeerzeugung in den Gotthardschiefern zu 942, in den Finsteraarhorngraniten zu 1777×10^{-12} cal/Stunden. Der Temperaturgradient ist nach Stapf im Maximum 20,9 m im Granit, 46,5 m in den Schiefern. Ob dieser Unterschied, der übrigens mit der obigen Theorie nicht übereinstimmt, sich durch die verschiedene Aktivität der beiden Gesteinsmassen erklären läßt, scheint noch zweifelhaft, da die thermische Leitfähigkeit entgegen dem, was Joly annimmt, doch in den beiden Gesteinen verschieden sein könnte. Ganz unzulässig scheint mir die Erklärung der hohen, im Simplontunnel beobachteten Temperaturen durch die Radioaktivität der Gesteine. Hier spielt die Heizung durch die von unten aufsteigenden heißen Quellen eine zu große Rolle. Von großem Wert wäre es, in einem größeren Gebiet, wo solche Störungen ausgeschlossen sind, Aktivität, thermische Leitfähigkeit und Temperatur der Gesteine eingehend zu untersuchen. Solange die numerischen Daten, besonders bezüglich der mit der Schichtung und dem Wassergehalt stark schwankenden thermischen Leitfähigkeit noch so unsicher sind, scheinen mir Rechnungen verfrüht.

Die von mancher Seite versuchte Erklärung der vulkanischen Wärme durch radioaktive Prozesse scheitert daran, daß die Laven keinen besonders hohen Radium- oder Thoriumgehalt aufweisen.

VIII. Messungen.

Als Maß der Aktivität kommt für unsere Zwecke ausschließlich die Ionisation in Betracht, welche der betreffende Körper durch seine α-Strahlung in einem Luftraum hervorruft. Diese Ionisation wird durch den elektrischen Strom gemessen, der von dem geladenen Körper (der Platte t in Fig. 1, S. 3) auf das ihn umhüllende, zur Erde abgeleitete Gefäß B übergeht. Die Größe des Meßraumes ist dabei so zu wählen, daß die Reichweite der α-Strahlen, im Maximum 8 cm, vollständig ausgenutzt wird. Es muß also die Entfernung des Mittelpunktes der Platte von den Gefäßwänden mindestens ebenso groß sein. Die Stromstärke ist dVC, wo dV die Ladungsabnahme in der Sekunde, C die Kapazität des Apparates angibt. Wenn dV wie üblich in Volt und C in Zentimetern ausgedrückt wird, so ist zur Reduktion auf absolute Einheiten der obige Ausdruck noch durch 300 zu dividieren. Vorausgesetzt ist dabei, daß Sättigungsstrom herrscht, d. h. daß alle in dem Meßraum erzeugten Ionen auch zur Unterhaltung des Stromes verbraucht werden. Ob dieses der Fall ist, ergibt sich daraus, daß bei Sättigungsstrom die Stromstärke unabhängig von der Ladung des Zerstreuungskörpers t ist. Um wirklichen Sättigungsstrom zu haben, darf man die Ladung des Zerstreuungskörpers nicht unter einen durch die Erfahrung gegebenen Wert sinken lassen, und zwar muß diese Ladung um so höher sein, je stärker die Ionisation in dem Gefäß ist.

Von dem wirklich gemessenen Strom ist natürlich für die Berechnung der Ionisation derjenige abzuziehen, der infolge der natürlichen Ionisation der Luft schon vor dem Einbringen der radioaktiven Materie in dem Gefäß vorhanden ist, sowie der Isolationsverlust über den Blättchenträger des Elektrometers.

Bei der Untersuchung fester Substanzen wird man sich in der Regel mit dem einfachen Vergleich der Strahlung des zu untersuchenden Körpers mit einem Normalpräparat von Uranoxyd, U_3O_8, begnügen. Die früher erwähnte Reduktion auf Schichten von molekularer Dicke wird in den meisten Fällen nicht anzubringen sein. Die Emanation kann in absolutem Maße bestimmt werden. Wir nennen 1 Curie diejenige Emanationsmenge, die mit 1 g metallischem Radium im Gleichgewicht steht. Diese Emanationsmenge unterhält einen Strom von $2{,}67 \times 10^6$ elektrostatischen Einheiten (ESE). Zu berücksichtigen ist aber, daß die Emanation sofort nach ihrem Einbringen die Zerfallsprodukte, wenn es sich um Radium handelt, Radium A, B, C bildet. Man kann, wie oben angegeben, aus dem nach einiger Zeit gemessenen Wert den Anfangswert berechnen. Der Anteil der Emanation am gemessenen Strom ist

im Moment des Einfüllens	100 Proz.
nach 10 Minuten	64,7 „
„ 15 „	62,5 „
„ 30 „	61,5 „

Besser wartet man den nach drei Stunden eintretenden Gleichgewichtszustand ab. 1 Curie Emanation im Gleichgewicht mit ihren Zerfallsprodukten unterhält einen Strom von $6{,}02 \times 10^6$ ESE.

Die Strahlung der Emanation kann nur in einem unendlich großen Gefäß voll zur Wirkung kommen. Der in einem Zylinderkondensator von 1 Curie Emanation nebst den Zerfallsprodukten unterhaltene Strom ist nach Duane und Laborde

$$= 6{,}02 \times 10^6 \times \left(1 - 0{,}\ 72\,\frac{O}{V}\right),$$

wo O die Oberfläche, V das Volumen des betreffenden Zylinders bezeichnet.

Beispiel. Der in Fig. 1 abgebildete Apparat besitzt eine Kapazität von 5,8 cm. Der Voltverlust im leeren Apparat sei 1,2 Voltstunde. $3^1/_2$ Stunden nach Einbringung von Höhlenluft sei der Voltabfall innerhalb 10 Minuten 10,2 Volt. Der von der Emanation nebst ihren Zerfallsprodukten allein hervorgebrachte Voltverlust beträgt also $6 \times 10{,}2 - 1{,}2 = 61{,}2 - 1{,}2 = 60$ Volt, der Strom demnach $\frac{60 \times 5{,}8}{300 \times 3600} = 0{,}000322$ ESE. Die innere Fläche ist 490 qcm, der Inhalt 1130 ccm. Der Duanesche Faktor $\left(1 - 0{,}572\,\frac{O}{V}\right)$ wird daher 0,752. 1 Curie entspricht daher in diesem Gefäß einem Strom von $4{,}53 \times 10^6$ ESE. Der Emanationsgehalt im Gefäß ist daher nach obiger Messung

$$= \frac{322 \times 10^{-6}}{4{,}53 \times 10^6} = 71{,}1 \times 10^{-12} \text{ Curie},$$

oder, da sich im Gefäß 1,13 Liter befinden, 62×10^{-12} im Liter. Will man den Gehalt in Mache-Einheiten ausdrücken, so fällt die Reduktion auf Curie weg, der Strom ist dagegen mit 1000 zu multiplizieren. Die Emanationsmenge im Gefäß ist gleich $\frac{0,322}{0,752}$ und im Liter $= \frac{0,322}{0,752 \times 1,13} = 0,379$ ME. Wenn man es mit etwas emanationsreicherer Luft zu tun hat, so kann man die Zerstreuung im leeren Gefäß vernachlässigen.

Die in der Formel verwendeten Konstanten beziehen sich auf Luft von 760 mm Druck und 15° C Temperatur. Für andere Drucke p und Temperaturen t mußte zu dem gemessenen Strom I noch addiert werden das Glied:

$$J[0,0007(760-p)+0,002(t-15^0)],$$

doch wird diese Korrektur in den meisten Fällen zu vernachlässigen sein.

Fig. 9.

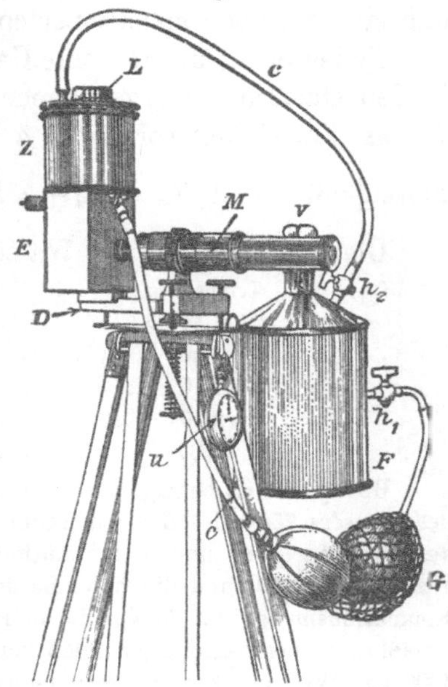

Metalldreifuß D mit Elektrometer E und Ablesemikroskop M. Schüttelflasche F mit Hähnen h_1 und h_2 und Verschluß v. Gummigebläse G, Schläuche c. Zerstreuungsgefäß Z mit Libelle L und Ladestift l. Sekundenuhr u.

Um den Emanationsgehalt einer Flüssigkeit zu bestimmen, kann man, wenn man sich nicht des Fontaktoskops bedienen will, entweder die Emanation durch Auskochen in das Meßgefäß treiben oder man wendet die Elster und Geitelsche Zirkulationsmethode an. Man schüttelt zunächst die Flüssigkeit in der Flasche [Fig. 9][1]) ordentlich durch, damit Gleichgewicht im Emanationsgehalt zwischen Luft und Flüssigkeit eintritt, und verteilt dann mit Hilfe des Gummigebläses, welches die Luft aus dem Meßgefäß aussaugt und so durch die Flüssigkeit hindurch und wieder in das Meßgefäß zurückpreßt, die Emanation gleichmäßig in dem ganzen Apparat. Dieses Durchpumpen muß auch nach kräftigem Schütteln mindestens einige Minuten andauern, wenn die Flasche fast ganz mit Flüssigkeit

[1]) Der in der Figur dargestellte Apparat, Schmidtsches Elektrometer mit Zubehör, wird von der Firma Spindler & Hoyer in Göttingen hergestellt. Beschreibung: Phys. Zeitschr. 6, 561, 1905.

gefüllt ist, so daß ein Durchschütteln unmöglich ist, etwa eine Viertelstunde. Die von der Flüssigkeit zum Meßgefäß gehende Luft passiert zur Verhütung des Eindringens von Wasserdampf in das Meßgefäß noch ein mit Chlorcalcium gefülltes Trockenrohr, welches gleichzeitig auch die beim Schütteln entstehenden Ionen zurückhält. Behufs Berechnung der vorhandenen Emanationsmenge wird dann wie oben verfahren.

Zu berücksichtigen ist, wie schon oben (S. 73) angegeben, daß eine gewisse Emanationsmenge in der Flüssigkeit zurückbleibt.

Bedeutet E_m die gesuchte Gesamtmenge der Emanation, E_l die in den Gasraum übergegangene gemessene Menge, L das Luft-, F das Flüssigkeitsvolumen, a den Absorptionskoeffizienten der Flüssigkeit, so ist $E_m = E_l + a E_l \times \frac{F}{L}$.

Die Werte von a für Wasser sind:

Temperatur	
10,0° C	0,340
14,0	0,303
17,0	0,284
20,0	0,245
23,0	0,228

Beispiel: Es beträgt das Volumen des Meßgefäßes 4 Liter, das Volumen des Wassers 750 ccm, der Luftraum der Verbindungsröhren, des Gebläses, des Trockenrohres und der Schüttelflasche 400 ccm. Die Temperatur des Wassers sei 20° C und die unter Berücksichtigung obiger Formeln gefundene Emanationsmenge im Meßgefäß betrage 0,00360 milliontel Curie, dann ist zunächst zu berücksichtigen, daß von den 4400 ccm Luft im Meßgefäß nur 4000 zur Wirkung kamen, der gemessene Stromwert ist also um 10 Proz. zu erhöhen. Es ist dann:

$$E_m = 0{,}00396 + 0{,}0245 \times 0{,}00396 \times \frac{750}{4400} = 0{,}00396 + 0{,}00016 = 0{,}00412.$$

In 1 Liter Wasser ist also enthalten = 0,00549 milliontel Curie. Will man den Gehalt statt in Curie in ME angeben, so hat man dieselben Korrekturen mit dem in tausendstel elektrostatischen Einheiten ausgedrückten Strommaß vorzunehmen, in unserem Falle also 0,00360 durch 9,73 ME zu ersetzen.

Da das Volumen der Gummibirne und der Röhren sich nicht genau bestimmen läßt, so empfiehlt es sich, das Meßgefäß möglichst groß zu nehmen (größer als es bei dem abgebildeten Schmidtschen Apparat der Fall ist), damit Fehler in der Bestimmung des Luftraumes der genannten Hilfsapparate möglichst wenig ins Gewicht fallen. Hat man freilich den Apparat mit Hilfe einer Radiumnormallösung, die dasselbe Volumen haben muß wie die zu untersuchenden Flüssigkeiten, geeicht, so spielt das Volumen des Apparates keine Rolle mehr, auch der Duanesche Faktor braucht nicht berücksichtigt zu werden, die vorhandene Emanationsmenge ist direkt proportional dem im Meßgefäß er-

Fig. 10.

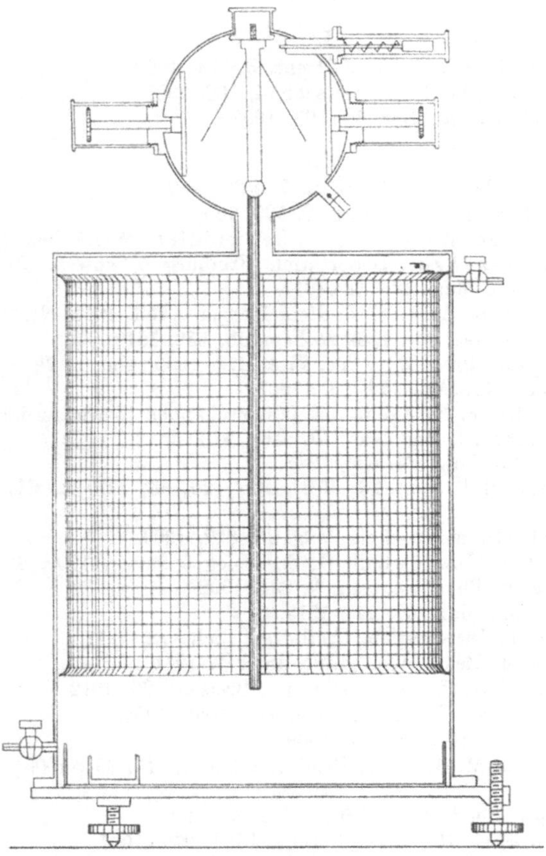

haltenen Strom. Einen großen Meßraum hat der Apparat von Weszelszky[1]) und der hier abgebildete von Elster und Geitel (Fig. 10). Natürlich ist es auch möglich, auf das Elektrometer von Schmidt oder das von Wulf (Fig. 2) größere Ionisierungskammern aufzusetzen. Selbstverständlich müssen Meßraum, Flüssigkeitsbehälter und Verbindungsstücke luftdicht schließen.

---

1) Phys. Zeitschr. 13, 240, 1912.

Literatur.

I.

1. Elster u. Geitel, Phys. Zeitschr. **3**, 574, 1902.
2. Ebert u. Evers, Phys. Zeitschr. **4**, 162, 1901.
3. Ebert, Münchener Ber. **33**, 103, 1903.

II.

1. A. Gockel, Jahrb. f. Radioakt. **7**, 487, 1910.
2. B. B. Boltwood, Phil. Mag. **9**, 599, 1905.
3. H. Mache, St. Meyer u. E. v. Schweidler, Wien. Anz. 1905.
4. J. S. Wojtaszewski, Dissertation, Freiburg i. Schweiz 1913.
5. J. Joly, Phil. Mag. **22**, 134, 1911.
6. H. Holthusen, Abhandl. d. Heidelberger Akad. 1912, Nr. 16.
7. E. Ebler, Zeitschr. f. Elektrochem. **18**, 532, 1912.
8. R. J. Strutt, Proc. Roy. Soc. **77** A, 472, 1906; ebenda **78** u. **80**.
9. S. A. Eve, Phil. Mag. **14**, 231, 1907.
10. E. H. Büchner, K. Akad. van Wetenschappen te Amsterdam 1911 u. 1912; Jahrb. f. Radioakt. **10**, 516, 1913.
11. J. Joly, Phil. Mag. **24**, 696, 1913.
12. Fletcher, Phil. Mag. **23**, 279, 1912; **20**, 36, 1910 u. **21**, 102 u. 770, 1911.
13. Farr and Florance, Phil. Mag. **18**, 812, 1909.
14. Schlundt u. Moore, Bull. U. S. Geologic. Survey 1909, S. 395.
15. G. A. Blanc, Phys. Zeitschr. **9**, 294, 1908.
16. J. Joly, Phil. Mag. **23**, 201, 1912.
17. F. Bellmer, Dissertation, Freiburg i. Schweiz, 1911.
18. G. A. Blanc, Rend. Acad. Linc. **18**, 241, 1911.
19. G. Meyer, Naturf.-Ges. Freiburg i. Breisgau **20**, 1912.
20. M. Bamberger, Wien. Ber. IIa, **117**, 1055, 1908.
21. J. Joly, Phil. Mag. **18**, 577, 1909.
22. R. Nasini u. M. G. Levi, Rend. Acad. Linc. **15**, 391, 1906; **17**, II, 452, 1908.
23. O. Scarpa, Rend. Acad. Linc. **16**, I, 44, 1907.
24. F. Zambonini, Rend. Acad. Linc. **16**, I, 975, 1907.
25. A. Becker, Ann. d. Phys. **20**, 634, 1906.
26. R. J. Strutt, Proc. Roy. Soc. **84**, 377, 1910.
27. C. Viereck, Dissertation, Halle a. S., 1910.
28. W. Waters, Phil. Mag. **19**, 903, 1910.

III.

1. R. J. Strutt, Proc. Roy. Soc. **80**, 572, 1908; Le Radium **5**, **202**, 1908.
2. B. Szilard, Le Radium **6**, 233, 1909; siehe auch B. B. Boltwood, Phys. Zeitschr. **7**, 482, 1906.
3. E. Gleditsch, C. R. **148**, 1451 u. **149**, 267, 1909; Le Radium **8**, **256**, 1911.
4. V. F. Hess, Phys. Zeitschr. **14**, 1135, 1913.

5. B. Boltwood, Phil. Mag. **9**, 599, 1905; Amer. Journ. of Sc. **20**, 55, 1905; **22**, 1, 1906; **25**, 269, 1907.
6. R. J. Strutt, Proc. Roy. Soc. **76**, 88, 1905.
7. Fr. Soddy u. Pieret, Phil. Mag. **20**, 345, 1910 u. **21**, 652, 1911.
8. W. Marckwald u. Russell, Berl. Ber. 1911, S. 771; Jahrb. d. Radioakt. u. Elektr. **8**, 457, 1911.
9. W. Marckwald u. B. Heimann, Phys. Zeitschr. **14**, 303, 1913; Jahrb. d. Radioakt. u. Elektr. **10**, 299, 213.
10. Fr. Soddy, Le Radium **7**, 295, 1910.
11. A. Piutti, Le Radium **8**, 13, 209, 1911.
12. A. Piutti, Le Radium **7**, 142, 1912 u. **10**, 165, 1913.
13. S. M. Losanitsch, Berl. Ber. 1904, S. 2904.
14. O. Mügge Centralbl. f. Mineral. usw. 1909, Nr. 3, 4 u. 5.
15. C. Holmes, Proc. Roy. Soc. **85**, 248, 1911.
16. B. B. Boltwood, Amer. Journ. Sc. **23**, 1907.
17. J. Joly, Phil. Mag. **21**, 357, 1911.
18. R. J. Strutt, Nature **80**, 303, 1909; Le Radium **8**, 78, 1911; Proc. Roy. Soc. **84**, 94, 1910.

IV.

1. J. Elster u. H. Geitel, Phys. Zeitschr. **3**, 574, 1902.
2. H. Ebert, Phys. Zeitschr. **10**, 346, 1909.
3. L. Endrös, Münchener Dissertation, gedruckt Erlangen 1909.
4. J. Satterly, Proc. Camb. Phil. Soc. **16**, 360, 514, 1912.
5. A. Gockel, Phys. Zeitschr. **9**, 304, 1908.
6. H. Brandes, Dissertation, Kiel 1905.
7. von dem Borne, Habilitationsschrift, Breslau 1905.
8. J. C. Sanderson, Phys. Zeitschr. **13**, 142, 1912.
9. K. Kaehler, Veröffentl. d. K. Preuß. Meteorol. Inst. Nr. 267, 1913.
10. C. Bellia, Nuov. Cim. **13**, 525, 1907.
11. Louis Smyth, Phil. Mag. **24**, 632, 1912.
12. K. W. F. Kohlrausch, Phys. Zeitschr. **13**, 1193, 1912.
13. J. B. Whright u. O. F. Smith, Phys. Zeitschr. **15**, 31, 1914.

V.

1. A. Gockel, Jahrb. d. Radioakt. u. Elektr. **9**, 1, 1912.
2. K. Braun, Jahrb. d. Radioakt. u. Elektr. **9**, 204, 1912.
3. A. B. Chauveau, Le Radium **10**, 17, 1913.
4. Th. Wulf, Phys. Zeitschr. **10**, 152, 1909.

VI.

1. Ch. Moureu, Journ. de chim. et phys. **11**, 63, 1913; auch C. R. 1904, 1906, 1912.
2. J. v. Weszelszky, Phys. Zeitschr. **13**, 240, 1912.
3. H. Greinacher, Phys. Zeitschr. **13**, 435, 1912.
4. H. Sieveking, Phys. Zeitschr. **6**, 700, 1905.
5. H. Mache u. St. Meyer, Zeitschr. f. Instrumentenkde. **29**, 65, 1909.
6. W. Hammer, Phys. Zeitschr. **13**, 943, 1912.
7. J. v. Weszelszky, Phys. Zeitschr. **13**, 240, 1912.
8. A. Becker, Le Radium **7**, 222, 1910.
9. H. W. Schmidt, Phys. Zeitschr. **6**, 561, 1905; G. Berndt, Ann. d. Phys. **38**, 985, 1912.

10. H. Mache u. St. Meyer, Radium-Biologie d. Heilkunde **1**, 350, 1912.
11. R. J. Strutt, Proc. Roy. Soc. **79**, 436, 1907.
12. H. Sieveking u. L. Lautenschläger, Phys. Zeitschr. **13**, 1043, 1912.
13. Schiffner u. Weidig, Radioaktive Wässer in Sachsen. Freiberg 1909.
14. M. Weidig, Siehe obigen Werkes 4. Teil. Freiberg 1912.
15. H. W. Schmidt, Phys. Zeitschr. **8**, 5, 1907.
16. M. Bamberger u. K. Krüse, Wien. Sitzber. **112**, 1009, 1913.
17. W. Kolhörster, Verh. d. D. Phys. Ges. **14**, 356, 1912.
18. K. Kurz u. H. W. Schmidt, Phys. Zeitschr. **7**, 209, 1906.
19. G. A. Blanc, Phys. Zeitschr. **6**, 703, 1905.
20. D. Isitani u. J. Yamakana, Le Radium **9**, 310, 1912.
21. W. Starke, Dissertation, Halle 1911.
22. F. Dienert u. A. Guillerd, Le Radium **7**, 60, 1910.
23. M. Lugeon, Matériaux pour la carte géologique de la Suisse, 68. Livraison. Bern 1912.
24. Chaspoul et J. de Beauyen, C. R. **153**, 944, 1911.
25. G. von dem Borne, Jahrb. f. Radioakt. **2**, 142, 1905.
26. E. Gérard et H. Chaavier, C. R. **157**, 302, 1913.
27. C. Engler u. M. Sieveking, Zeitschr. f. anorgan. Chem. **53**, 1, 1907.
28. F. Henrich, Zeitschr. f. Elektrotechn. **15**, 393, 1907; Phys. Zeitschr. **8**, 112, 1907.
29. A. Laborde et A. Lepape, C. R. **155**, 1202, 1912.
30. E. Ebler, Verh. Oberrhein. geol. Verein 1910, S. 25.
31. H. Mache u. St. Meyer, Wien. Sitzber. **114**, 354, 1905.
32. Dieselben, ebenda **114**, 545, 1905.
33. H. Mache, Wien. Sitzber. **113**, 1329, 1904.
34. P. Curie u. A. Laborde, C. R. **142**, 1462, 1906.
35. B. Szillard, C. R. **154**, 982, 1912.
36. J. v. Sury, Dissertation, Freiburg (Schweiz) 1906.
37. A. Schweizer, Arch. d. sc. phys. de Genève **27**, 256, 1909.
38. A. Brochet, Le Radium **5**, 47, 1908.
39. F. Jentzsch, Phys. Zeitschr. **8**, 887, 1907.
40. G. Gehlhoff, Phys. Zeitschr. **7**, 590, 1906.
41. J. Elster u. H. Geitel, Phys. Zeitschr. **5**, 321, 1904.
42. J. Sterba, Jahrb. d. Radioakt. **8**, 23, 1911.
43. W. Knoche, Phys. Zeitschr. **13**, 112, 1912.
44. J. Laub, Phys. Zeitschr. **14**, 81, 1913.
45. A. S. Eve, Phil. Mag. **18**, 102, 1909.
46. J. Joly, Phil. Mag. **18**, 396, 1909.
47. A. Schmidt, Phys. Zeitschr. **8**, 107, 1907.
48. J. Jaufmann, Meteorol. Zeitschr. **22**, 97, 1905.
49. Th. Thorkelson, Le Radium **8**, 397, 1911.
50. A. Hurmuzescu, Le Radium **7**, 231, 1910.
51. K. R. Koch, Phys. Zeitschr. **7**, 806, 1906.
52. Masetaro, Zeitschr. f. anorgan. Chem. **78**, 183, 1912.

VII.

1. C. Liebenow, Phys. Zeitschr. **5**, 625, 1904.
2. J. Koenigsberger, Phys. Zeitschr. **7**, 297, 1906.
3. J. Joly, Radioactivity and Geology; London 1909. Congrès international de Radiologie. Bruxelles 1912, **1**, 370.

GPSR Compliance

The European Union's (EU) General Product Safety Regulation (GPSR) is a set of rules that requires consumer products to be safe and our obligations to ensure this.

If you have any concerns about our products, you can contact us on ProductSafety@springernature.com

In case Publisher is established outside the EU, the EU authorized representative is:

Springer Nature Customer Service Center GmbH
Europaplatz 3
69115 Heidelberg, Germany

Batch number: 10577919

Printed by Printforce, the Netherlands